2.2.2 实例: 使用 "Bezier曲线工具" 制作酒杯模型

2.2.3 实例: 使用 "EP曲线工具" 制作罐子模型

2.3.2 实例: 使用 "附加曲面" 工具制作葫芦模型

2.3.3 实例: 使用 "放样" 工具制作花瓶模型

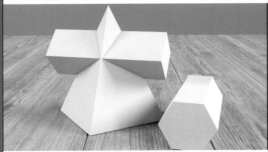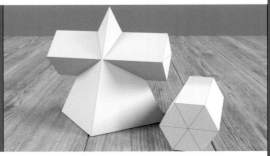

3.2.2 实例: 制作石膏模型

3.3.1 实例：制作杯子模型

3.3.2 实例：制作发梳模型

3.3.3 实例：制作酒瓶模型

3.3.4 实例：制作圆桌模型

3.3.5 实例：制作沙发模型

3.3.6 实例：制作烟灰缸模型

3.3.7 实例：制作开瓶器模型

4.3.2 实例：制作静物灯光照明效果

4.3.3 实例：制作室内天光照明效果

4.4.1 实例：制作床头灯照明效果

4.4.2 实例：制作室内阳光照明效果

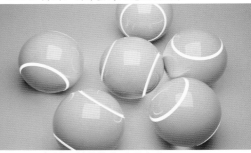

4.4.3 实例：制作室外阳光照明效果

4.4.4 实例：制作荧光照明效果

5.2.2 实例：制作景深效果

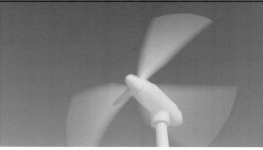
5.2.3 实例：制作运动模糊效果

6.3.2 实例：制作玻璃材质

6.3.3 实例：制作金属材质

6.3.4 实例：制作玉石材质

6.3.5 实例：制作陶瓷材质

6.4.1 实例：制作线框材质

6.4.2 实例：制作渐变色材质

6.4.3 实例：使用"平面映射"工具为图书设置贴图坐标

6.4.4 实例：使用"UV编辑器"为图书设置贴图坐标

7.3 综合实例：客厅天光表现

7.4 综合实例：别墅阳光表现

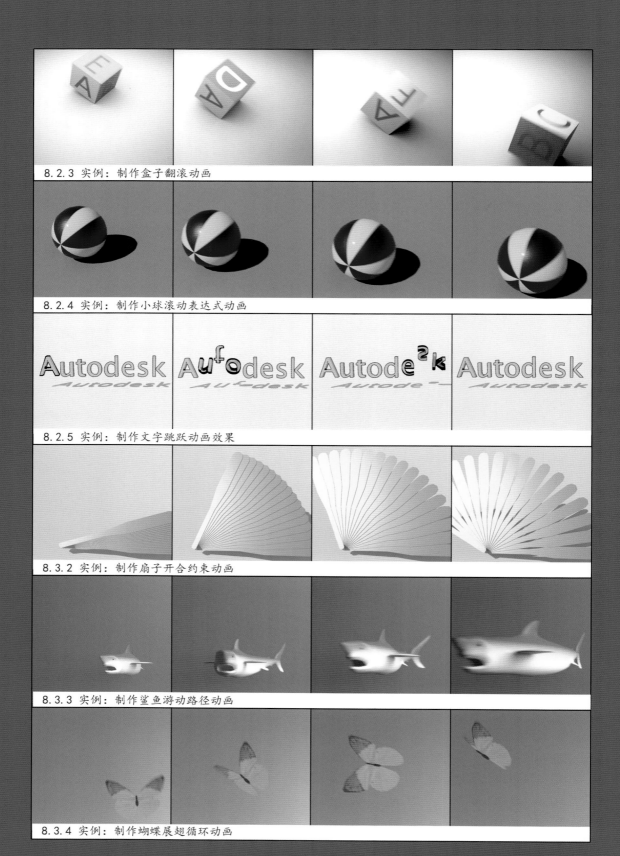

8.2.3 实例：制作盒子翻滚动画

8.2.4 实例：制作小球滚动表达式动画

8.2.5 实例：制作文字跳跃动画效果

8.3.2 实例：制作扇子开合约束动画

8.3.3 实例：制作鲨鱼游动路径动画

8.3.4 实例：制作蝴蝶展翅循环动画

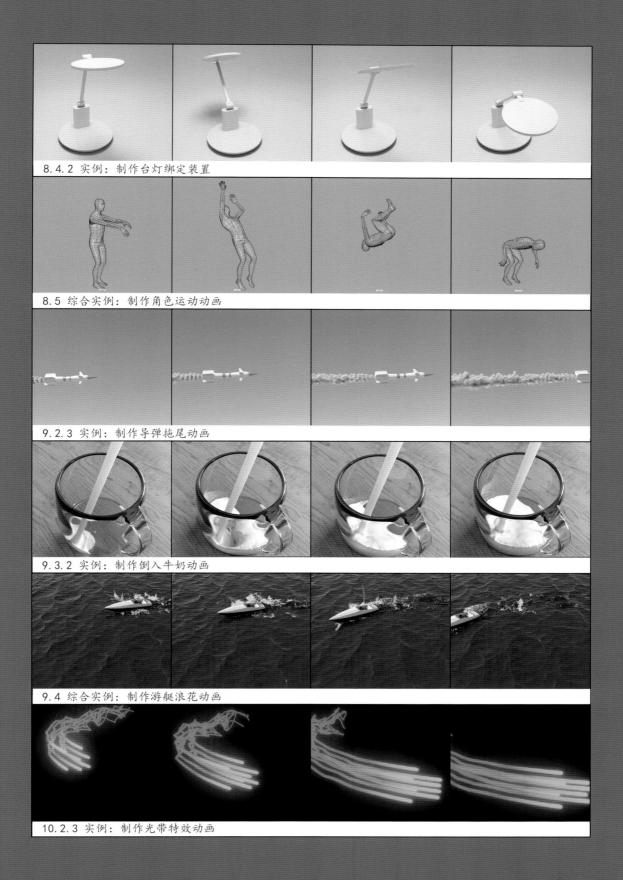

8.4.2 实例：制作台灯绑定装置

8.5 综合实例：制作角色运动动画

9.2.3 实例：制作导弹拖尾动画

9.3.2 实例：制作倒入牛奶动画

9.4 综合实例：制作游艇浪花动画

10.2.3 实例：制作光带特效动画

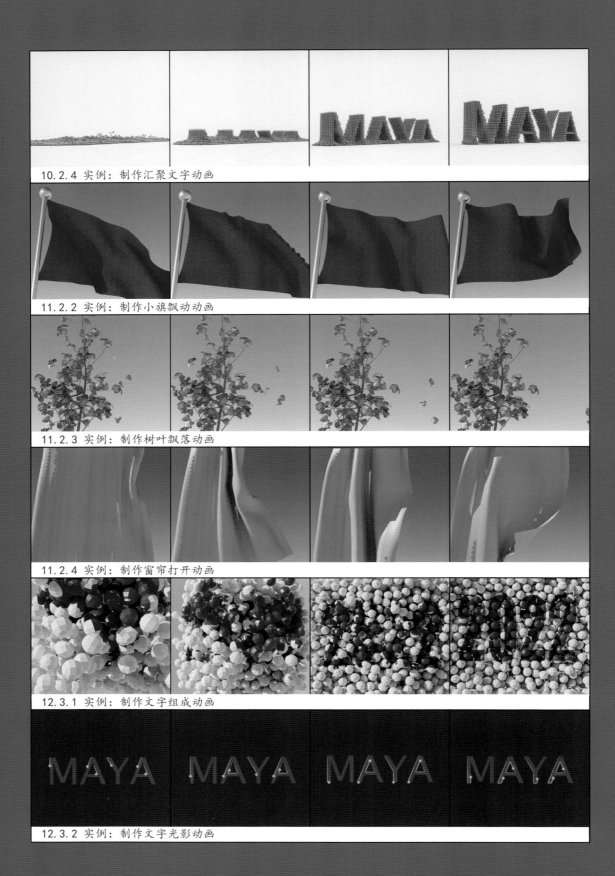

10.2.4 实例：制作汇聚文字动画

11.2.2 实例：制作小旗飘动动画

11.2.3 实例：制作树叶飘落动画

11.2.4 实例：制作窗帘打开动画

12.3.1 实例：制作文字组成动画

12.3.2 实例：制作文字光影动画

从新手到高手

Maya 2022
从新手到高手

来阳 / 编著

清華大学出版社
北 京

内 容 简 介

本书是一本主讲如何使用中文版 Maya 2022 软件来进行三维动画制作的技术书籍。全书共 12 章，包含了 Maya 2022 软件的界面组成、模型制作、灯光技术、摄影机技术、材质贴图、渲染技术、粒子系统、流体特效等一系列三维动画制作技术。本书结构清晰，内容全面，通俗易懂，各章均设计了相对应的实用案例，并详细阐述了制作原理及操作步骤，注重提升读者的软件实际操作能力。另外，本书附带的教学资源内容丰富，包括本书所有案例的工程文件、贴图文件和多媒体教学录像，便于读者学以致用。

本书非常适合作为高校动画专业和培训机构的教材，也可以作为广大三维动画爱好者的自学参考用书。

图书在版编目(CIP)数据

Maya 2022 从新手到高手 / 来阳编著 . —北京：清华大学出版社，2022.5（2024.2重印）
（从新手到高手）
ISBN 978-7-302-60395-5

Ⅰ.① M… Ⅱ.①来… Ⅲ.①三维动画软件 Ⅳ.① TP391.414

中国版本图书馆 CIP 数据核字 (2022) 第 048634 号

责任编辑：陈绿春
封面设计：潘国文
版式设计：方加青
责任校对：胡伟民
责任印制：曹婉颖

出版发行：清华大学出版社
　　　网　　址：https://www.tup.com.cn，https://www.wqxuetang.com
　　　地　　址：北京清华大学学研大厦 A 座　　　　邮　　编：100084
　　　社 总 机：010-83470000　　　　　　　　　　邮　　购：010-62786544
　　　投稿与读者服务：010-62776969，c-service@tup.tsinghua.edu.cn
　　　质 量 反 馈：010-62772015，zhiliang@tup.tsinghua.edu.cn
印 装 者：天津鑫丰华印务有限公司
经　　销：全国新华书店
开　　本：188mm×260mm　　印　张：14　　插　页：4　　字　数：475 千字
版　　次：2022 年 6 月第 1 版　　印　次：2024 年 2 月第 4 次印刷
定　　价：89.00 元

产品编号：093795-01

前言  PREFACE

　　提起Maya，很多朋友曾经问过我，为什么要学习Maya？Maya比3ds Max好在哪里？学生们也时常问我Maya跟3ds Max比起来，哪一个软件更好？在这里我给出自己的看法。

　　首先，为什么要学习Maya？我大学毕业以来的确一直在工作中使用3ds Max，3ds Max软件的强大功能深深让我着迷，为此我花费了数年的时间在工作中不断提高自己并乐在其中。至于后来为什么要学习Maya，很简单，答案是工作需要。随着数字艺术的不断发展以及三维软件的不断更新，越来越多的三维动画项目不再局限于只使用一款三维动画软件来进行制作，有些动画镜头如果换一款软件来进行制作可能会更加便捷。由于一些项目可能会在两个或者更多数量的不同软件之间进行导入导出操作，许多知名的动画公司对三维动画人才的招聘要求也不再只限定于使用一款三维软件。所以在工作之余，我开始慢慢接触Maya软件。不得不承认，刚开始确实有些不太习惯。但是仅仅在几天之后，我便开始觉得学习Maya软件逐渐变得得心应手。

　　另一个问题是，Maya跟3ds Max比起来，哪一个软件更好？对于初学者而言，根本没必要去深究这个问题。这两个软件的功能都很强大，如果一定要将这两款软件进行技术比较，我觉得只有同时使用过这两款软件很长时间的资深用户才可以做出正确合理的判断。所以同学们完全没有必要去考虑哪一个软件更强大，还是先考虑自己肯花多少时间去钻研和学习比较好。Maya是一款非常易于学习的高端三维动画软件，在模型材质、灯光渲染、动画调试及特效制作等技术方面都非常优秀。从我个人的角度来讲，由于有多年的3ds Max工作经验，我在学习Maya时觉得非常亲切，一点儿也没有感觉自己在学习一个全新的三维软件。中文版Maya 2022相较于之前的版本更加成熟、稳定。

本书共12章，分别从软件的基础操作到中、高级技术操作进行深入讲解。当然，有基础的读者可按照自己的喜好直接阅读自己感兴趣的章节来学习制作。

写作是一件快乐的事情。在本书的出版过程中，清华大学出版社的编辑做了很多工作，在此表示诚挚的感谢。由于作者的技术能力限制，本书难免有些许不足之处，还请读者朋友们海涵指正。

本书的工程文件和视频教学文件请扫描下面的二维码进行下载，如果在下载过程中碰到问题，请联系陈老师，邮箱：chenlch@tup.tsinghua.edu.cn。

由于作者水平有限，书中疏漏之处在所难免。如果有任何技术问题请扫描下面的二维码联系相关技术人员解决。

工程文件　　　　　　　　视频教学　　　　　　　　技术支持

来　阳
2022年3月

CONTENTS 目录

CONTENTS

第 5 章　摄影机技术

第 6 章　材质与纹理

第 7 章　渲染与输出

第8章 动画技术

第9章 流体动画技术

第10章 粒子动画技术

第11章 布料动画技术

CONTENTS

第12章　运动图形动画技术

第 1 章

熟悉 Maya 2022

1.1　Maya 2022 概述

随着科技的发展和时代的不断进步，计算机已经渗透至各个行业的发展进程中，它们无处不在，俨然成为了人们工作和生活中无法取代的重要电子产品。多种多样的软件技术配合不断更新换代的计算机硬件，使得越来越多的可视化数字媒体产品飞速融入人们的生活中。越来越多的艺术专业人员也开始使用数字技术进行工作，诸如绘画、雕塑、摄影等传统艺术学科也都开始与数字技术融会贯通，形成了一个全新的学科交叉创意工作环境。

Autodesk Maya是美国Autodesk公司出品的专业三维动画软件，也是国内应用最广泛的专业三维动画软件之一，旨在为广大三维动画师提供功能丰富、强大的动画工具来制作优秀的动画作品。通过将Maya的多种动画工具组合使用，会使得场景看起来更加生动，角色看起来更加真实，其内置的动力学技术模块则可以为场景中的对象进行逼真而细腻的动力学动画计算，从而为三维动画师压缩大量的工作步骤及时间，极大地提高动画的精准程度。Maya软件在动画制作业界中声名显赫，是电影级别的高端制作软件。尽管其售价不菲，但是由于其强大的动画制作功能和友好、便于操作的工作方式，仍然得到了广大制作公司及艺术家的高度青睐。如图1-1所示为Maya 2022的软件启动界面。

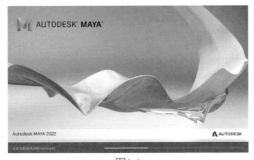

图1-1

Maya 2022为用户提供多种类型的建模方式，配合自身强大的渲染器，可以轻松制作出极为真实的单帧画面及影视作品。下面通过举例来简单介绍该软件的主要应用领域。

1.2　Maya 2022 的应用范围

计算机图形技术诞生于20世纪50年代早期，最初主要应用于军事作战、计算机辅助设计与制造等专业领域，而非现在的艺术设计专业。20世纪90年代后，计算机应用技术开始变得成熟，随着计算机价格的下降，图形图像技术开始被越来越多的视觉艺术专业人员所关注、学习。Maya 1.0软件于1998年2月由Alias公司正式发布，到了2005年，由于被Autodesk公司收购，Maya软件的全称也随之更名为Autodesk Maya。在本书中，仍然以广大用户较为习惯的名称——Maya来作为软件名称进行使用。

作为Autodesk公司生产的旗舰级别动画软件，Maya可以为产品展示、建筑表现、园林景观设计、游戏、电影和运动图形的设计人员提供一套全面的3D建模、动画、渲染以及合成的解决方案，应用领域非常广泛。如图1-2和图1-3所示为使用该软件制作的一些三维图像作品。

图1-2

图1-3

1.3　Maya 2022 的工作界面

学习使用Maya 2022时，首先应熟悉软件的操作界面与布局，为以后的创作打下基础。如图1-4所示为中文版Maya 2022软件打开之后的界面。

图1-4

1.3.1　"新特性亮显设置"对话框

安装完成Maya 2022后，第一次打开软件，系统会自动弹出"新特性亮显设置"对话框，提示用户软件会以绿色"亮显"的方式来标记新版本的新增功能，这样用户可以非常方便地看到该版本软件的新增功能，如图1-5所示。

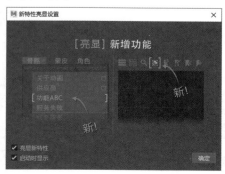

图1-5

1.3.2　菜单集与菜单

Maya与其他软件的一个不同之处就在于Maya拥有多个不同的菜单栏，这些菜单栏通过"菜单集"来管理并供用户选择使用，主要分为"建模""绑定""动画""FX"和"渲染"，如图1-6～图1-10所示。这些菜单栏并非所有命令都不一样，仔细观察会发现这些菜单栏的前7个命令和后3个命令是完全一样的。

图1-6

图1-7

图1-8

图1-9

图1-10

用户还可以将"菜单集"设置为"自定义"选项，这时系统会自动弹出"菜单集编辑器"窗口，用户可以将自己常用的一些命令放置于该菜单中，如图1-11所示。

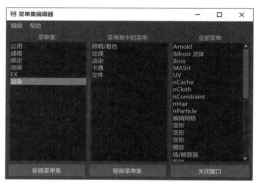

图1-11

1.3.3　状态行工具栏

状态行工具栏位于菜单栏下方，包含许多常用的常规命令图标，这些图标被多个垂直分隔线隔开，用户可以单击垂直分隔线来展开和收拢图标组，如图1-12所示。

图1-12

1.3.4　工具架

Maya的工具架根据命令的类型及作用分为多个标签来进行显示，每个标签里都包含了对应的常用命令图标。

"曲线/曲面"工具架里的命令主要由可以创建曲线、创建曲面及修改曲面的相关命令组成,如图1-13所示。

图1-13

"多边形建模"工具架里的命令主要由可以创建多边形、修改多边形及设置多边形贴图坐标的相关命令组成,如图1-14所示。

图1-14

"雕刻"工具架里的命令主要由对模型进行雕刻操作建模的相关命令组成,如图1-15所示。

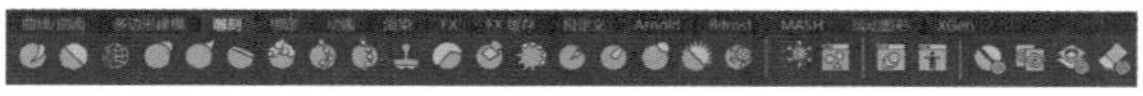

图1-15

"绑定"工具架里的命令主要由对角色进行骨骼绑定以及设置约束动画的相关命令组成,如图1-16所示。

图1-16

"动画"工具架里的命令主要由制作动画以及设置约束动画的相关命令组成,如图1-17所示。

图1-17

"渲染"工具架里的命令主要由灯光、材质及渲染的相关命令组成,如图1-18所示。

图1-18

"FX"工具架里的命令主要由粒子、流体及布料动力学的相关命令组成,如图1-19所示。

图1-19

"FX缓存"工具架里的命令主要由设置动力学缓存动画的相关命令组成,如图1-20所示。

图1-20

"Arnold"工具架里的命令主要由设置真实的灯光及天空环境的相关命令组成,如图1-21所示。

图1-21

"Bifrost"工具架里的命令主要由设置流体动力

学的相关命令组成,如图1-22所示。

图1-22

"MASH"工具架里的命令主要由创建MASH网格的相关命令组成,如图1-23所示。

图1-23

"运动图形"工具架里的命令主要由创建几何体、曲线、灯光、粒子的相关命令组成,如图1-24所示。

图1-24

"XGen"工具架里的命令主要由设置毛发的相关命令组成,如图1-25所示。

图1-25

1.3.5 工具箱

工具箱位于Maya 2022界面的左侧,主要为用户提供进行操作的常用工具,如图1-26所示。

图1-26

常用工具解析

- 选择工具:选择场景和编辑器中的对象及组件。
- 套索工具:以绘制套索的方式来选择对象。
- 绘制选择工具:以笔刷的绘制方式来选择对象。
- 移动工具:通过拖动变换操纵器移动场景中所选择的对象。
- 旋转工具:通过拖动变换操纵器旋转场景中所选择的对象。
- 缩放工具:通过拖动变换操纵器缩放场景中所选择的对象。

1.3.6 视图面板

Maya 2022的"视图面板"允许用户自行选择在哪一个方向来观察场景，其上方部分有一条"工具栏"，可以在此处设置"视图面板"的模型显示方式及亮度，如图1-27所示。

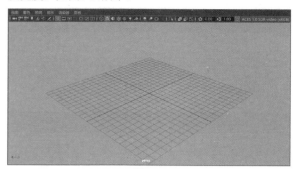

图1-27

常用工具解析

- ■选择摄影机：在面板中选择当前摄影机。
- ■锁定摄影机：锁定摄影机，避免意外更改摄影机位置进而更改动画。
- ■摄影机属性：打开"摄影机属性编辑器"面板。
- ■书签：将当前视图设定为书签。
- ■图像平面：切换现有图像平面的显示。如果场景中不包含图像平面，则会提示用户导入图像。
- ■二维平移/缩放：开启和关闭二维平移/缩放。
- ■油性铅笔：单击该按钮可以打开"油性铅笔"工具栏，如图1-28所示，其允许用户使用虚拟绘制工具在屏幕上绘制图案，如图1-29所示。

图1-28

图1-29

- ■栅格：在视图面板上切换显示栅格，如图1-30所示为在Maya视图中显示栅格前后

的效果对比。

图1-30

- ■胶片门：切换胶片门边界的显示。
- ■分辨率门：切换分辨率门边界的显示，如图1-31所示为单击该按钮前后的Maya视图显示结果对比。

图1-31

- ■门遮罩：切换门遮罩边界的显示，如图1-32所示为单击该按钮前后的Maya视图显示结果对比。

图1-32

- ■区域图：切换区域图边界的显示。
- ■安全动作：切换安全动作边界的显示。
- ■安全标题：切换安全标题边界的显示。
- ■线框：单击该按钮，Maya视图中的模型呈线框显示效果，如图1-33所示。

图1-33

- ■对所有项目进行平滑着色处理：单击该按钮，Maya视图中的模型呈平滑着色处理显示效果，如图1-34所示。

图1-34

- ⬛使用默认材质：切换"使用默认材质"的显示。
- ⬛着色对象上的线框：切换所有着色对象上的线框显示。
- ⬛带纹理：切换"硬件纹理"的显示。
- ⬛使用所有灯光：通过场景中的所有灯光切换曲面的照明。
- ⬛阴影：切换"使用所有灯光"处于启用状态时的硬件阴影贴图。
- ⬛隔离选择：限制视图面板以仅显示选定对象。
- ⬛屏幕空间环境光遮挡：在开启和关闭"屏幕空间环境光遮挡"之间进行切换。
- ⬛运动模糊：在开启和关闭"运动模糊"之间进行切换。
- ⬛多采样抗锯齿：在开启和关闭"多采样抗锯齿"之间进行切换。
- ⬛景深：在开启和关闭"景深"之间进行切换。
- ⬛X射线显示：单击该按钮，Maya视图中的模型呈半透明显示效果，如图1-35所示。

图1-35

- ⬛X射线显示活动组件：在其他着色对象的顶部切换活动组件的显示。
- ⬛X射线显示关节：在其他着色对象的顶部切换骨架关节的显示。
- ⬛曝光：调整显示亮度。通过减小曝光，可查看默认在高光下看不见的细节。单击该按钮，在默认值和修改值之间切换。
- ⬛Gamma：调整要显示的图像的对比度和中间调亮度。增加Gamma值，可查看图像阴影部分的细节。
- ⬛视图变换：控制用于显示的工作颜色空间转换颜色的视图变换。

1.3.7 工作区选择器

"工作区"可以理解为多种窗口、面板以及其他界面选项根据不同的工作需要而形成的一种排列方式。Maya允许用户可以根据自己的喜好随意更改当前工作区，例如打开、关闭和移动窗口、面板和其他UI元素，以及停靠和取消停靠窗口和面板，这就创建了属于自己的自定义工作区。此外，Maya还为用户提供了多种工作区的显示模式，这些不同的工作区在三维艺术家进行不同种类的工作时非常好用，如图1-36所示。

图1-36

1.3.8 通道盒

"通道盒"位于Maya软件界面的右侧，与"建模工具包"和"属性编辑器"叠加在一起，是用于编辑对象属性的最快、最高效的主要工具。其允许用户快速更改属性值，在可设置关键帧的属性上设置关键帧，锁定或解除锁定属性以及创建属性的表达式。当用户在场景中选择了对象后，"通道盒"才会出现相对应的命令，如图1-37所示。

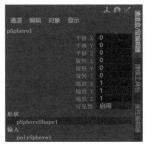

图1-37

"通道盒"内的参数可以通过鼠标输入的方式进行更改，如图1-38所示。也可以将光标放置于想要修改的参数上，并按住鼠标左键以拖动滑块的方式进行更改，如图1-39所示。

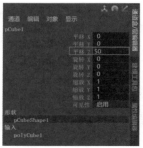 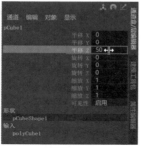

图1-38   图1-39

1.3.9　建模工具包

"建模工具包"是Maya为用户提供的一个便于进行多边形建模的命令集合面板。通过这一面板，用户可以很方便地进入多边形的顶点、边、面以及UV中对模型进行修改编辑，如图1-40所示。

图1-40

1.3.10　属性编辑器

"属性编辑器"主要用来修改物体的自身属性，在功能上与"通道盒"的作用类似，但是"属性编辑器"为用户提供了更加全面、完整的节点命令及图形控件，如图1-41所示。

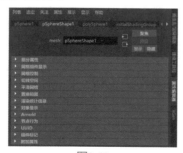

图1-41

1.3.11　播放控件

"播放控件"是一组播放动画和遍历动画的按钮，播放范围显示在"时间滑块"中，如图1-42所示。

图1-42

常用工具解析

- 转至播放范围开头：单击该按钮转到播放范围的起点。
- 后退一帧：单击该按钮后退一个时间（或帧）。
- 后退到前一关键帧：单击该按钮后退一个关键帧。
- 向后播放：单击该按钮以反向播放。
- 向前播放：单击该按钮以正向播放。
- 前进到下一关键帧：单击该按钮前进一个关键帧。
- 前进一帧：单击该按钮前进一个时间（或帧）。
- 转至播放范围末尾：单击该按钮转到播放范围的结尾。

1.3.12　命令行和帮助行

Maya软件界面的最下方就是"命令行"和"帮助行"。其中"命令行"的左侧区域用于输入单个 MEL命令，右侧区域用于提供反馈。如果用户熟悉Maya的MEL脚本语言，则可以使用这些区域；"帮助行"则主要显示工具和菜单项的简短描述，另外，此栏还会提示用户使用工具或完成工作流程所需的步骤，如图1-43所示。

图1-43

1.4　软件基础操作

学习一款新的软件技术，首先应该熟悉该软件的基本操作。幸运的是，相同类型的软件其基本操作总是相似的。例如，用户如果拥有使用Photoshop的工作经验，那么在学习Illustrator时则会感觉得心应手；同样，如果之前接触过3ds Max的用户学习Maya软件，也会感觉似曾相识。事实上，自从Autodesk公司将

Maya软件收购以后，便不断尝试将旗下的3ds Max软件与Maya软件进行一些操作上的更改，以确保习惯了一款软件的用户再使用另一款软件时能够迅速上手。

下面分别讲解Maya软件的对象选择、变换对象、复制对象及视图切换4个部分的基础操作内容。

1.4.1 基础操作：对象选择

【知识点】层次选择模式、对象选择模式、组件选择模式、大纲视图、对象成组、软选择。

01 启动中文版Maya 2022软件，单击"多边形建模"工具架上的"多边形球体"图标，如图1-44所示。

图1-44

02 在场景中创建3个球体模型，如图1-45所示。

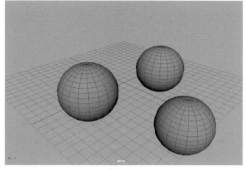

图1-45

03 选择这3个球体模型，执行菜单栏的"编辑"|"分组"命令，即可将所选择的对象设置为一个组合，如图1-46所示。

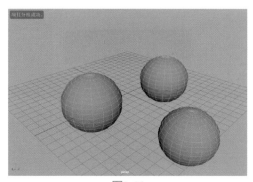

图1-46

04 在"大纲视图"面板中，可以看到成组后场景中各个对象之间的层级关系，如图1-47所示。

图1-47

05 依次单击"状态行工具栏"中的"按层次和组合选择""按对象类型选择"和"按组件类型选择"这3个图标，如图1-48所示。观察场景中球体模型的选择状态，分别如图1-49～图1-51所示。

图1-48

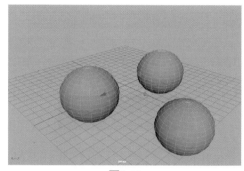

图1-49

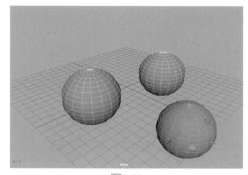

图1-50

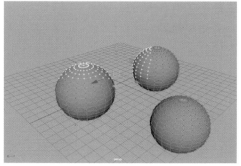

图1-51

06 按B键，开启"软选择"模式，再次查看球体模型上顶点的选择状态，如图1-52所示。

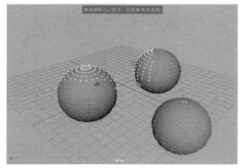

图1-52

1.4.2 基础操作：变换对象

【知识点】移动工具、旋转工具、缩放工具。

01 启动中文版Maya 2022软件，单击"多边形建模"工具架上的"多边形圆柱体"图标，如图1-53所示。

图1-53

02 在场景中创建一个圆柱体模型，如图1-54所示。

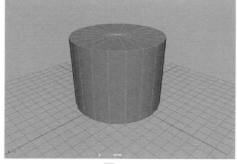

图1-54

03 按W键，可以使用"移动"工具更改圆柱体模型的位置，如图1-55所示。

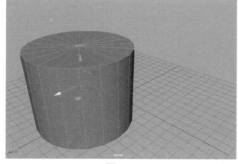

图1-55

04 按E键，可以使用"旋转"工具更改圆柱体模型的角度，如图1-56所示。

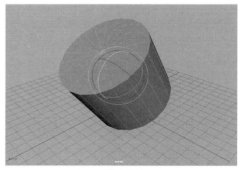

图1-56

05 按R键，可以使用"缩放"工具更改圆柱体模型的大小，如图1-57所示。

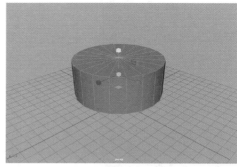

图1-57

1.4.3 基础操作：复制对象

【知识点】复制、特殊复制、复制并变换。

01 启动中文版Maya 2022软件，单击"多边形建模"工具架上的"多边形圆柱体"图标，如图1-58所示。

图1-58

02 在场景中创建一个圆柱体模型，如图1-59所示。

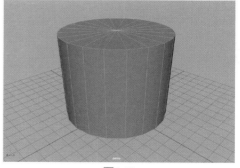

图1-59

03 按住Shift键，配合"移动"工具可以复制出一个新的圆柱体模型，如图1-60所示。

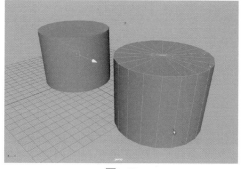

图1-60

04 多次使用Shift+D组合键，则可以对物体进行"复制并变换"操作。可以看到Maya软件快速地生成了一排间距相同的物体模型，如图1-61所示。

图1-61

05 单击菜单栏"编辑"|"特殊复制"命令后面的方形按钮，可以打开"特殊复制选项"面板。将"几何体类型"设置为"实例"，如图1-62所示。这样复制出来的模型与原来的模型会共用相同的参数。

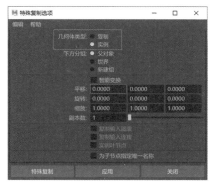

图1-62

1.4.4　基础操作：视图切换

【知识点】视图切换、显示模式。

01 启动中文版Maya 2022软件，单击"多边形建

模"工具架上的"多边形圆柱体"图标，如图1-63所示。

图1-63

02 在场景中创建一个圆柱体模型，如图1-64所示。

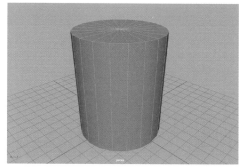

图1-64

03 按空格键，则可以快速切换至四视图显示模式，如图1-65所示。

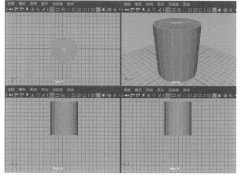

图1-65

04 将鼠标放置于"顶视图"上，再次按空格键，可以使该视图最大化显示，如图1-66所示。

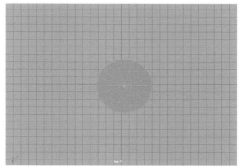

图1-66

05 执行"视图"菜单栏上的"面板"|"透视"|persp命令，如图1-67所示，即可将"前视图"直接更改为"透视视图"。

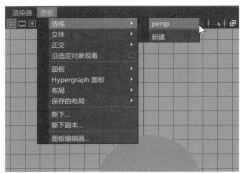

图1-67

06 按住空格键，再按住Maya按钮，可以在弹出的菜单中选择其他视图显示方式，如图1-68所示。

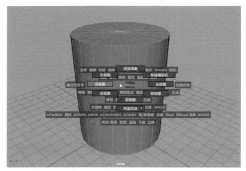

图1-68

07 按4键，可以将视图切换为"线框"显示效果，

如图1-69所示。

图1-69

08 按5键，可以将视图切换为"平滑着色"显示效果，如图1-70所示。

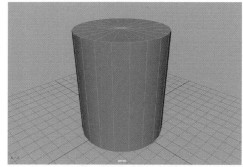

图1-70

第 2 章

曲面建模

2.1　曲面建模概述

　　曲面建模，也叫NURBS建模，是一种基于几何基本体和绘制曲线的3D建模方式。其中，NURBS是Non-Uniform Rational B-Spline，也就是非均匀有理B样条线的缩写。通过Maya 2022的"曲线/曲面"工具架中的工具集合，有两种方式可以用来创建曲面模型。一是通过创建曲线的方式来构建曲面的基本轮廓，并配以相应的命令来生成模型；二是通过创建曲面基本体的方式来绘制简单的三维对象，然后再使用相应的工具修改其形状来获得想要的几何形体，如图2-1和图2-2所示。

图2-1

图2-2

　　由于 NURBS 用于构建曲面的曲线具有平滑和最小特性，因此其对于构建各种有机3D 形状十分有用。NURBS 曲面类型广泛运用于动画、游戏、科学可视化和工业设计领域。使用曲面建模可以制作出任何形状的、精度非常高的三维模型，这一优势使得曲面建模

慢慢成为一个广泛应用于工业建模领域的标准。这一建模方式同时也非常容易学习及使用，用户通过较少的控制点即可得到复杂的流线型几何形体，这也是曲面建模技术的方便之处。

2.2　曲线工具

　　Maya 2022为用户提供了多种曲线工具，一些常用的跟曲线有关的工具可以在"曲线/曲面"工具架上找到，如图2-3所示。

图2-3

工具解析

- ⬤ NURBS圆形：创建NURBS圆形。
- ⬤ NURBS方形：创建一个由4条线组成的NURBS方形组合。
- ⬤ EP曲线工具：通过指定编辑点来创建曲线。
- ⬤ 铅笔曲线工具：通过移动鼠标来创建曲线。
- ⬤ 三点圆弧：通过指定三个点来创建圆弧。
- ⬤ 附加曲线：将所选择的两根曲线附加在一起。
- ⬤ 分离曲线：根据曲线参数点的位置将曲线断开。
- ⬤ 插入结：根据曲线参数点的位置插入编辑点。
- ⬤ 延伸曲线：延伸所选择的曲线长度。
- ⬤ 偏移曲线：偏移所选择的曲线。
- ⬤ 重建曲线：重建所选择的曲线。

- ■添加点工具：通过添加指定点的位置来延长所选择的曲线。
- ■曲线编辑工具：编辑所选择的曲线。
- ■Bezier曲线工具：创建Bezier曲线。

2.2.1 基础操作：创建及修改曲线

【知识点】创建曲线、交互式创建曲线、连续创建曲线、编辑曲线、为曲线添加顶点、退出编辑。

01 启动中文版Maya 2022软件，单击"曲线/曲面"工具架上的"NURBS圆形"图标，如图2-4所示。

图2-4

02 在场景中创建一个圆形曲线，如图2-5所示。

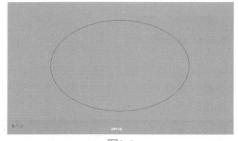

图2-5

03 选择圆形曲线，右击并执行"控制顶点"命令，如图2-6所示。

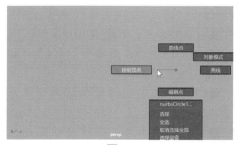

图2-6

04 选择如图2-7所示的顶点，可以使用"移动"工具调整曲线的形态，如图2-8所示。

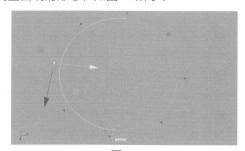

图2-7

图2-8

05 右击并执行"曲线点"命令，如图2-9所示。

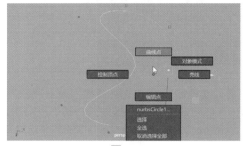

图2-9

06 按Shift键，在如图2-10所示位置添加4个黄色的顶点。

图2-10

07 单击"曲线/曲面"工具架上的"插入结"图标，如图2-11所示。这样可以在黄色顶点位置为曲线添加新的顶点。

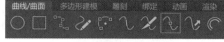

图2-11

08 再次调整曲线的形态至如图2-12所示。

图2-12

09 调整完成后，退出曲线的编辑状态，一条月亮形状的曲线就制作完成了，如图2-13所示。

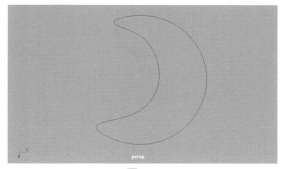

图2-13

2.2.2　实例：制作酒杯模型

本例将使用"Bezier曲线工具"来制作一个酒杯的模型，如图2-14所示为本实例的最终完成效果。

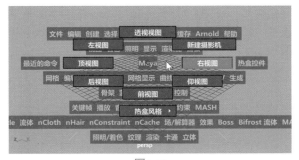

图2-14

01 启动中文版Maya 2022软件，按住空格键，单击Maya按钮，在弹出的命令中选择"右视图"选项，即可将当前视图切换至"右视图"，如图2-15所示。

图2-15

02 在"曲线/曲面"工具架上单击"Bezier曲线工具"图标，如图2-16所示。

图2-16

03 在"右视图"中绘制出酒杯的侧面线条，如图2-17所示。

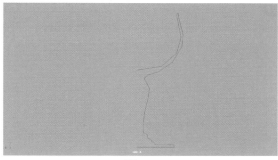

图2-17

04 选择绘制完成的曲线，右击并执行"控制顶点"命令，进入Bezier曲线的"顶点"子层级，如图2-18所示。

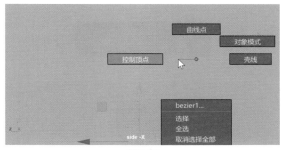

图2-18

05 框选曲线上的所有顶点，按住Shift键，右击并执行"Bezier角点"命令，如图2-19所示。

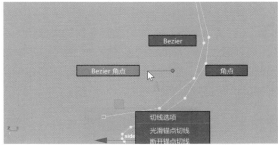

图2-19

06 将选择的顶点模式更改为"Bezier角点"，可以看到现在曲线上的每个顶点都具有了对应的手柄，如图2-20所示。

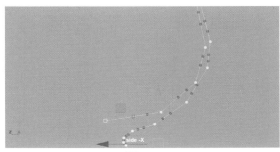

图2-20

07 通过更改手柄的位置来不断调整曲线的形态至如图2-21所示，制作出较为平滑的曲线效果。

图2-21

08 选择场景中绘制完成的曲线，单击"曲线/曲面"工具架上的"旋转"图标，如图2-22所示，则可以将曲线转换为曲面模型，如图2-23所示。

图2-22

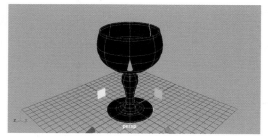

图2-23

09 在默认状态下，当前的曲面模型结果显示为黑色，可以通过执行菜单栏"反转方向"命令来更改曲面模型的面方向，如图2-24所示，这样就可以得到正确的曲面模型显示结果，如图2-25所示。

图2-24

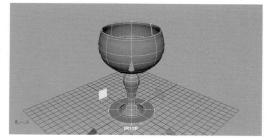

图2-25

10 本实例的最终模型效果如图2-26所示。

图2-26

2.2.3 实例：制作罐子模型

本例将使用"EP曲线工具"来制作一个罐子的模型，如图2-27所示为本实例的最终完成效果。

图2-27

01 启动中文版Maya 2022软件，单击"曲线/曲面"工具架上的"EP曲线工具"图标，如图2-28所示。

图2-28

02 在"右视图"中绘制出罐子的侧面图形，绘制的过程中，应注意把握罐子的形态。绘制曲线的转折处时，应多绘制几个点以便将来修改图形，如图2-29所示。

图2-29

使用EP曲线工具实际上很难一次性地绘制完成一个符合用户要求的曲线，虽然在初次绘制曲线时已经很小心了，但是曲线还是会出现一些问题，这就需要在接下来的步骤中修改曲线。

01 右击并执行"控制顶点"命令，如图2-30所示。

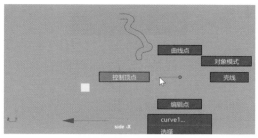

图2-30

02 通过调整曲线的控制顶点位置仔细修改罐子的剖面曲线，当选择一个控制顶点时，该顶点所影响的边呈白色显示，如图2-31所示。

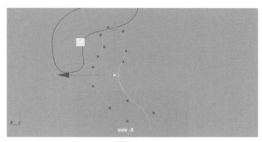

图2-31

03 修改完成后，右击并执行"对象模式"命令，完成曲线的编辑，如图2-32所示。

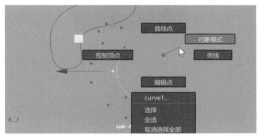

图2-32

04 将视图切换至"透视"视图，观察绘制完成的曲线形态，如图2-33所示。

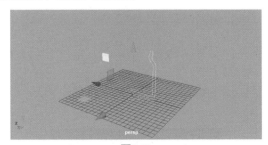

图2-33

05 选择场景中绘制完成的曲线，单击"曲线/曲面"工具架上的"旋转"图标，如图2-34所示，即可在场景中看到曲线经过"旋转"而得到的曲面模型，如图2-35所示。

图2-34

图2-35

06 在默认状态下，当前的曲面模型结果显示为黑色，可以执行菜单栏"曲面"｜"反转方向"命令更改曲面模型的面方向，如图2-36所示，这样就可以得到正确的曲面模型显示结果。

图2-36

制作完成后的罐子模型最终效果如图2-37所示。

图2-37

2.3　曲面工具

Maya 2022为用户提供了多种基本几何形体的曲面工具，一些常用的跟曲面有关的工具可以在"曲线/曲面"工具架上的后半部分找到，如图2-38所示。

图2-38

工具解析

- ●　NURBS球体：创建NURBS球体。
- ●　NURBS立方体：创建一个由6个面组成的

长方体组合。

- ■NURBS圆柱体：创建NURBS圆柱体。
- ▲NURBS圆锥体：创建NURBS圆锥体。
- ◆NURBS平面：创建NURBS平面。
- ◎NURBS圆环：创建NURBS圆环。
- ■旋转：以旋转的方式根据所选择的曲线来生成曲面模型。
- ■放样：以放样的方式根据所选择的曲线来生成曲面模型。
- ◎平面：根据所选择的曲线来生成平面曲面模型。
- ■挤出：以挤出的方式根据所选择的曲线来生成曲面模型。
- ■双轨成形1工具：根据两条轨道线和剖面曲线来创建曲面模型。
- ■倒角+：对曲面模型进行倒角操作。
- ■在曲面上投影曲线：在曲面模型上投影曲线。
- ■曲面相交：根据两个相交的曲面模型生成曲线。
- ■修剪工具：根据曲面上的曲线对曲面进行修剪。
- ■取消修剪曲面：用于取消修剪曲面操作。
- ■附加曲面：将两个曲面模型附加为一个曲面模型。
- ■分离曲面：根据等参线的位置将曲面模型断开。
- ■开放/闭合曲面：对所选择的曲面模型进行开放/闭合操作。
- ■插入等参线：对所选择的曲面模型插入等参线。
- ■延伸曲面：延伸所选择的曲面模型。
- ■重建曲面：重建所选择的曲面模型。
- ■雕刻几何体工具：使用雕刻的方式来编辑曲面模型。
- ■曲面编辑工具：使用操纵器来编辑所选择的曲面模型。

2.3.1 基础操作：创建及修改曲面模型

【知识点】创建曲面模型、父子关系、组、修改曲面模型。

01 启动中文版Maya 2022软件，单击"曲线/曲面"工具架上的"NURBS立方体"图标，如图2-39所示。

图2-39

02 在场景中创建一个长方体曲面模型，如图2-40所示。

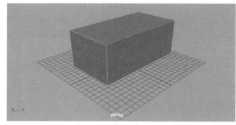

图2-40

03 在"大纲视图"面板中，观察场景中的对象名称，可以看到长方体曲面模型实际上是由6个曲面模型构成的一个组合，如图2-41所示。

图2-41

04 选择构成这个长方体模型的任何一个曲面，如图2-42所示。

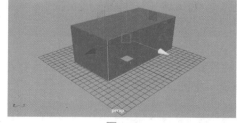

图2-42

05 在"属性编辑器"面板中，展开"立方体历史"卷展栏，可以通过更改"宽度""长度比"和"高度比"的值来调整长方体曲面模型的大小，如图2-43所示。

图2-43

06 单击"曲线/曲面"工具架上的"NURBS圆柱体"图标，如图2-44所示。

图2-44

07 在场景中创建一个圆柱体曲面模型，如图2-45所示。

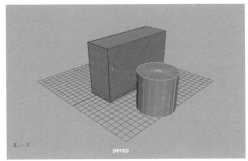

图2-45

08 在"大纲视图"面板中，观察场景中的对象名称，可以看到圆柱体曲面模型实际上是由3个曲面模型建立而成的父子关系，如图2-46所示。

图2-46

09 选择构成这个圆柱体曲面模型的任何一个曲面，在"属性编辑器"面板中，展开"圆柱体历史"卷展栏，可以通过更改其中的参数来控制圆柱体曲面模型的大小及分段数，如图2-47所示。

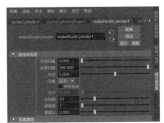

图2-47

2.3.2 实例：制作葫芦模型

本例将使用"附加曲面"工具来制作一个葫芦

摆件的曲面模型，如图2-48所示为本实例的最终完成效果。

图2-48

01 启动中文版Maya 2020软件，单击"曲线/曲面"工具架上的"NURBS球体"图标，如图2-49所示。

图2-49

02 在场景中创建一个球体曲面模型，如图2-50所示。

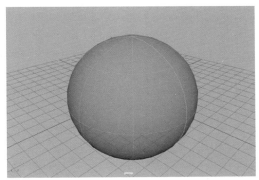

图2-50

03 选择球体模型，使用Ctrl+D组合键原地复制出一个新的球体模型，并调整其位置和大小至如图2-51所示。

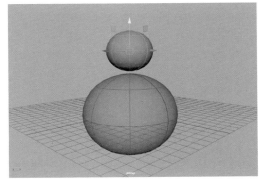

图2-51

04 单击"曲线/曲面"工具架上的"NURBS圆柱体"图标，如图2-52所示。

图2-52

05 在场景中任意位置处创建一个圆柱体曲面模型，如图2-53所示。

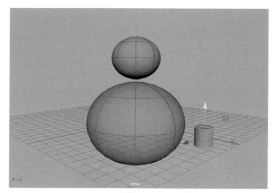

图2-53

06 选择圆柱体的模型，按Shift键，加选场景中的球体模型，执行菜单栏"修改/对齐工具"命令，如图2-54所示。

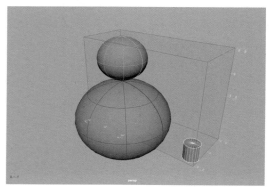

图2-54

07 将这两个模型的X轴和Z轴分别进行对齐后，再使用移动工具调整圆柱体模型Y轴的位置，如图2-55所示。

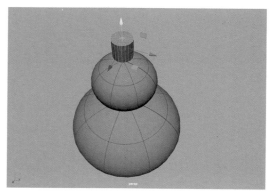

图2-55

08 在"属性编辑器"面板中，展开"圆柱体历史"卷展栏，调整"分段数"的值为8，如图2-56所示，使得圆柱体模型的布线结果与下方的球体模型相一致，如图2-57所示。

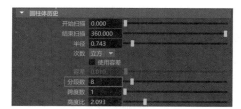

图2-56

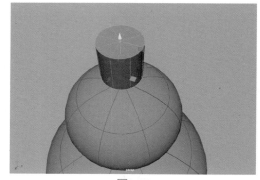

图2-57

09 选择场景中的两个球体模型，如图2-58所示。

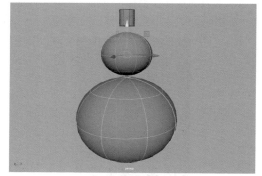

图2-58

10 单击"曲线/曲面"工具架上的"附加曲面"图标，如图2-59所示。制作出葫芦的基本形体，如图2-60所示。

图2-59

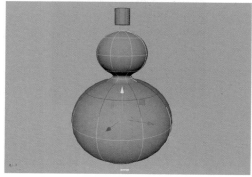

图2-60

11 选择圆柱体模型的顶面和葫芦形状的曲面，如图2-61所示。

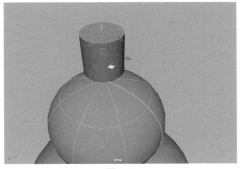

图2-61

12 再次单击"附加曲面"图标，即可得到葫芦的完整模型，如图2-62所示。

图2-62

13 选择葫芦模型，右击并执行"等参线"命令，如图2-63所示。

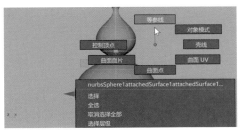

图2-63

14 选择如图2-64所示的边线，单击"曲线/曲面"工具架上的"平面"图标，如图2-65所示，即可为葫芦模型进行封口操作，如图2-66所示。

图2-64

图2-65

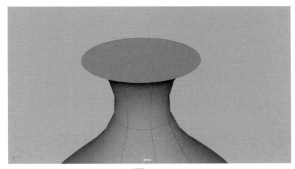

图2-66

15 本实例的最终模型效果如图2-67所示。

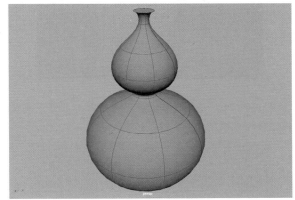

图2-67

2.3.3　实例：制作花瓶模型

本例将使用"放样"工具来制作一个花瓶的模型，如图2-68所示为本实例的最终完成效果。

图2-68

01 启动中文版Maya 2022软件，单击"曲线/曲面"工具架上的"NURBS圆形"图标，如图2-69所示。

图2-69

02 在场景中创建一个圆形，如图2-70所示。

19

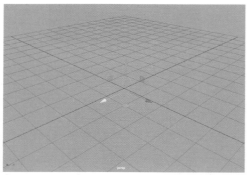

图2-70

03 在"属性编辑器"面板中，展开"圆形历史"卷展栏，调整"分段数"的值为16，如图2-71所示。

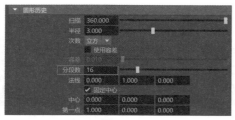

图2-71

04 使用Ctrl+D组合键复制出一个圆形对象，调整其位置和大小至如图2-72所示。

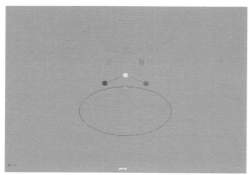

图2-72

05 使用相同的操作步骤，制作出一个花瓶的剖面结构，如图2-73所示。

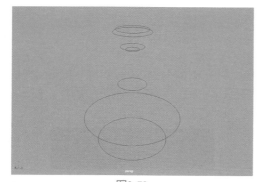

图2-73

06 选择如图2-74所示的圆形，右击并执行"控制顶点"命令。

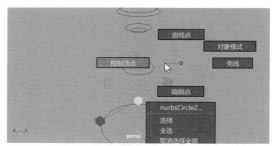

图2-74

07 选择如图2-75所示的顶点，对其进行缩放操作，得到如图2-76所示的曲线效果。

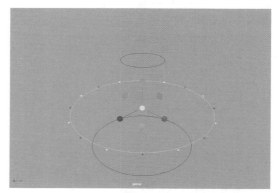

图2-75

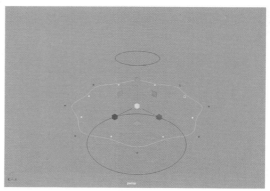

图2-76

08 调整完成后，右击并执行"对象模式"命令，完成曲线形态的调整，如图2-77所示。

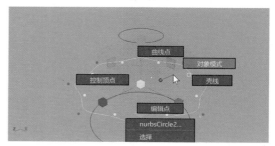

图2-77

09 在"大纲视图"面板中依次选择这些图形，单击"曲线/曲面"工具架上的"放样"按钮，如图2-78所示，即可得到一个花瓶的三维曲面模型，如图2-79所示。

图2-78

图2-79

10 常见中的花瓶曲面模型，其形状仍然受之前所创建的圆形图形位置所影响，所以可以通过调整这些圆形图形的大小及位置来改变花瓶的形状，如图2-80所示。

图2-80

11 本实例的最终模型完成效果如图2-81所示。

图2-81

第3章

多边形建模

3.1 多边形建模概述

多边形由顶点和连接顶点的边来定义，多边形的内部区域则称之为面，这些要素的命令编辑就构成了多边形建模技术。多边形建模是当前非常流行的一种建模方式，用户通过对多边形的顶点、边以及面进行编辑可以得到精美的三维模型，这项技术被广泛应用于电影、游戏、虚拟现实等动画模型的开发制作。如图3-1和图3-2所示均为使用多边形建模技术制作完成的三维模型。

图3-1

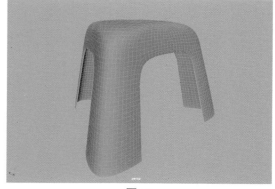

图3-2

多边形建模技术与曲面建模技术差异明显。曲面

模型有严格的UV走向，编辑起来略显麻烦。而多边形模型由于是三维空间里的多个顶点相互连接而成的一种立体拓扑结构，所以编辑起来非常自由。Maya 2022的多边形建模技术已经发展得相当成熟，通过使用"建模工具包"面板，用户可以非常方便地利用这些多边形编辑命令快速完成模型的制作。

3.2 创建多边形对象

Maya 2022为用户提供了多种多边形基本几何体的创建按钮，在"多边形建模"工具架上可以找到这些图标，如图3-3所示。

图3-3

工具解析

- 多边形球体：用于创建多边形球体。
- 多边形立方体：用于创建多边形立方体。
- 多边形圆柱体：用于创建多边形圆柱体。
- 多边形圆锥体：用于创建多边形圆锥体。
- 多边形平面：用于创建多边形平面。
- 多边形圆环：用于创建多边形圆环。
- 多边形圆盘：用于创建多边形圆盘。
- 柏拉图多面体：用于创建柏拉图多面体。
- 超形状：用于创建多边形超形状。
- 多边形文字：用于创建多边形文字模型。
- SVG：使用剪贴板中的可扩展向量图形或导入的SVG文件来创建多边形模型。

此外，还可以按住Shift键，右击，在弹出的快捷菜单中找到创建多边形对象的相关命令，如图3-4所示。

图3-4

更多关于创建多边形的命令可以在菜单栏"创建"|"多边形基本体"中找到，如图3-5所示。

图3-5

3.2.1 基础操作：创建及修改多边形对象

【知识点】创建多边形对象、修改多边形对象、删除历史。

01 启动中文版Maya 2022软件，单击"多边形建模"工具架上的"多边形球体"图标，如图3-6所示。

图3-6

02 在场景中创建一个球体模型，如图3-7所示。

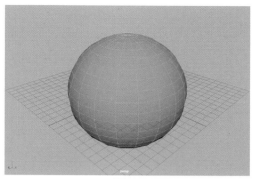

图3-7

03 在"属性编辑器"面板中，展开"多边形球体历史"卷展栏，更改"半径"值为9，"轴向细分数"值为12，"高度细分数"值为12，如图3-8所示。

图3-8

04 设置完成后，球体模型的视图显示结果如图3-9所示。

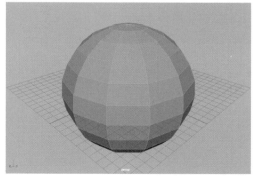

图3-9

05 右击并执行"面"命令，如图3-10所示。

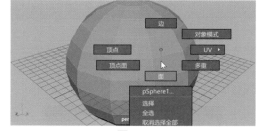

图3-10

06 选择如图3-11所示的面。

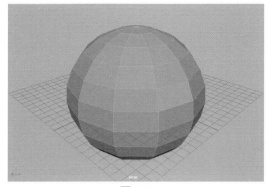

图3-11

07 单击"多边形建模"工具架上的"挤出"图标，如图3-12所示，对所选择的面进行挤出操作，制作出如图3-13所示的模型结果。

图3-12

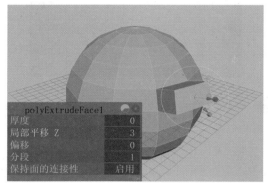

图3-13

08 右击并执行"对象模式"命令，如图3-14所示，可以退出模型的编辑状态。

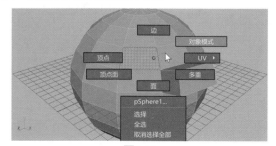

图3-14

09 单击"多边形建模"工具架上的"按类型删除：历史"图标，如图3-15所示，可以删除模型的建模历史。

图3-15

3.2.2　实例：制作石膏模型

本例将使用"多边形建模"工具架中的图标来制作一组石膏的模型，如图3-16所示为本实例的最终完成效果。

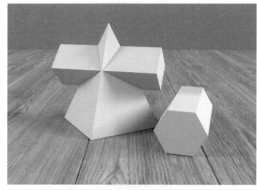
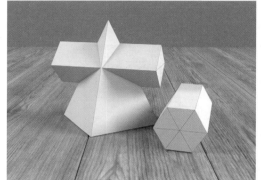

图3-16

01 启动中文版Maya 2022软件，单击"多边形建模"工具架中的"多边形圆锥体"图标，如图3-17所示。

图3-17

02 在场景中创建一个圆锥体模型，如图3-18所示。

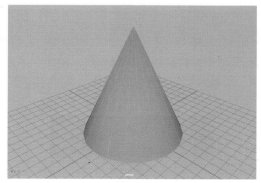

图3-18

03 在"属性编辑器"面板中，展开"多边形圆锥体历史"卷展栏，设置圆锥体模型的"半径"值为6，"高度"值为12，"轴向细分数"值为4，如图3-19所示。

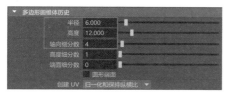

图3-19

04 设置完成后，圆锥体模型的显示结果如图3-20所示。

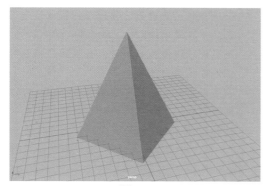

图3-20

05 在"多边形建模"工具架上单击"多边形圆柱体"图标，如图3-21所示。

图3-21

06 在场景中创建一个圆柱体模型，如图3-22所示。

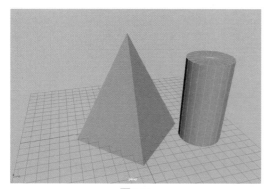

图3-22

07 在"属性编辑器"面板中，展开"多边形圆柱体历史"卷展栏，设置圆柱体模型的"半径"值为2.5，"高度"值为12，"轴向细分数"值为4，如图3-23所示。

图3-23

08 设置完成后，对圆柱体进行旋转和位移操作，将圆柱体摆放在如图3-24所示位置处，制作出十字锥长方柱模型。

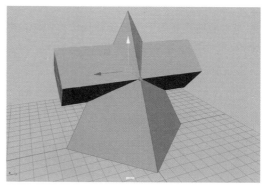

图3-24

09 在"多边形建模"工具架上单击"多边形圆柱体"图标，在场景中再次创建一个圆柱体模型，如图3-25所示。

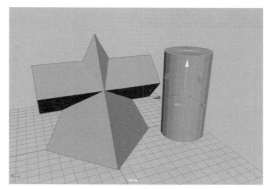

图3-25

10 在"属性编辑器"面板中，展开"多边形圆柱体历史"卷展栏，设置圆柱体模型的"半径"值为2.5，"高度"值为10，"轴向细分数"值为6，如图3-26所示。

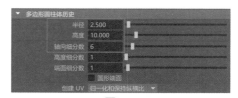

图3-26

11 设置完成后，一个六面柱石膏模型就制作完成了，如图3-27所示。

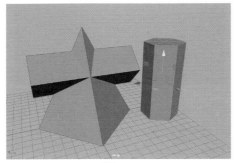

图3-27

12 对六面柱石膏模型进行旋转和位移操作，本实例制作完成后的石膏模型效果如图3-28所示。

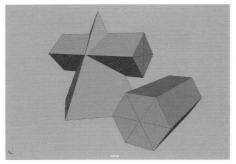

图3-28

3.3 建模工具包

"建模工具包"是Maya为模型师提供的一个用于快速查找建模命令的工具集合，通过单击"状态行"中的"显示或隐藏建模工具包"按钮，可以找到建模工具包的面板。或者在Maya 2022工作区的右边也可以通过单击"建模工具包"选项卡的名称来进行建模工具包的面板显示，如图3-29所示。

图3-29

工具解析

- 对象选择：选择场景中的模型。
- 顶点选择：选择模型的顶点。
- 边选择：选择模型的边。
- 面选择：选择模型的面。
- UV选择：选择模型的UV。
- 拾取/框选：在用户要选择的组件上绘制一个矩形框来选择对象。
- 拖选：在多边形对象上通过按住鼠标左键的方式来进行选择。
- 调整/框选：可用于调整组件进行框选。
- 亮显背面：启用时，背面组件将被预先选择亮显并可供选择。
- 亮显最近组件：启用时，亮显距光标最近的组件可被用户选择。
- 基于摄影机的选择：启动该命令后，可以根据摄影机的角度来选择对象组件。
- 对称：启用该命令后，可以以"对象X/Y/Z"及"世界X/Y/Z"的方式来对称选择对象组件。
- 软选择：启用该命令后，选择周围的衰减区域将获得基于衰减曲线的加权变换。如果此选项处于启用状态，并且未选择任何内容，将光标移动到多边形组件上会显示软选择预览，如图3-30所示。

图3-30

- 结合：将选定的多个多边形对象组合成单个多边形对象，如图3-31所示。

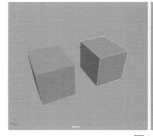

图3-31

- ▢ 分离 分离：将多边形对象分离为单独
  的个体，如图3-32所示。

图3-32

- ▢ 平滑 平滑：通过为多边形对象添加分
  段来使其达到平滑效果，如图3-33所示。

图3-33

- ▢ 布尔 布尔：对所选择的对象执行布
  尔运算以得到模型相减的效果，如图3-34
  所示。

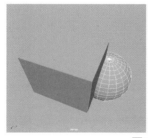

图3-34

- ▢ 挤出 挤出：可以从现有面、边或顶点
  挤出新的多边形，如图3-35所示。

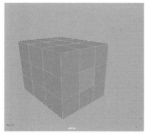

图3-35

- ▢ 倒角 倒角：可以对多边形对象的顶点
  进行切角处理，或使其边成为圆形边，如
  图3-36所示。

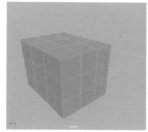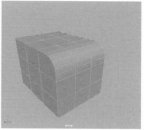

图3-36

- ▢ 桥接 桥接：可用于在现有多边形对象
  上的两组面或边之间创建桥接（其他面），
  如图3-37所示。

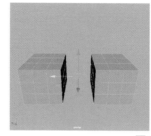

图3-37

- ▢ 添加分段 添加分段：将选定的多边形组
  件（边或面）分割为较小的组件，如图3-38
  所示。

图3-38

- ▢ 多切割 多切割：对循环边进行切割、切
  片和插入，如图3-39所示。

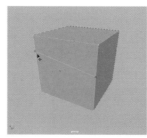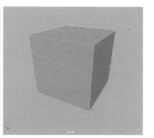

图3-39

- ▢ 目标焊接 目标焊接：合并顶点或边以在其
  之间创建共享顶点或边。只能在组件属于同
  一网格时进行合并，如图3-40所示。

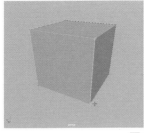

图3-40

- 连接：可以通过其他边连接顶点和边，如图3-41所示。

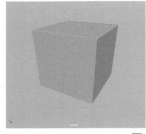

图3-41

- 四边形绘制：以自然而有机的方式建模，使用简化的单工具工作流重新拓扑化网格。使用手动重新拓扑流程时，可以在保留参考曲面形状的同时，创建整洁的网格，如图3-42所示。

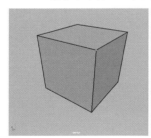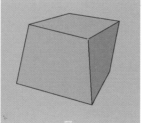

图3-42

3.3.1 实例：制作杯子模型

本例将使用"建模工具包"中的命令来制作一个个性化咖啡杯的模型，如图3-43所示为本实例的最终完成效果。

图3-43

01 启动中文版Maya 2022软件，单击"多边形建模"工具架上的"多边形圆柱体"图标，如图3-44所示。

图3-44

02 在场景中创建一个圆柱体模型，如图3-45所示。

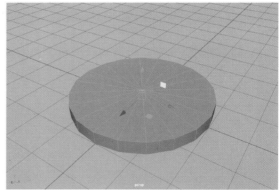

图3-45

03 在"属性编辑器"面板中，展开"多边形圆柱体历史"卷展栏，设置"半径"值为2，"高度"值为0.4，如图3-46所示。

图3-46

04 按住Shift键，配合"移动"工具向上复制出一个圆柱体模型，如图3-47所示。

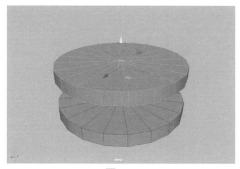

图3-47

05 在"前视图"中，选择如图3-48所示的顶点，使用"移动"工具和"缩放"工具调整其位置至如图3-49所示。

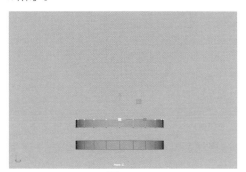

图3-48

图3-49

06 选择如图3-50所示的边线，单击"建模工具包"面板中的"连接"按钮，制作出如图3-51所示的模型效果。

图3-50

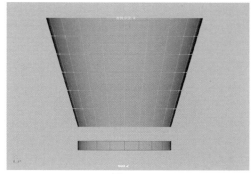

图3-51

07 使用"缩放"工具调整模型的顶点至如图3-52所示，制作出杯子的弧形结构。

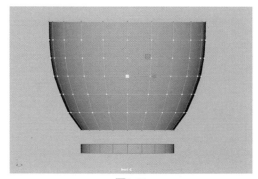

图3-52

08 选择如图3-53所示的面，将其删除，得到如图3-54所示的模型结果。

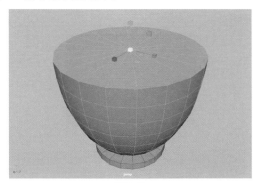

图3-53

图3-54

09 选择如图3-55所示的面，单击"建模工具包"面板中的"挤出"按钮，制作出如图3-56所示的模型结果。

图3-55

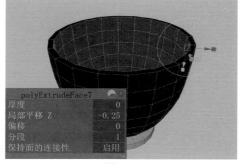

图3-56

10 执行菜单栏"网格显示"|"反向"命令，如图3-57所示，得到正确的杯子模型显示结果，如图3-58所示。

图3-57

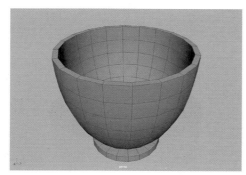

图3-58

11 将场景中的杯子模型和杯子底座模型同时选中，如图3-59所示。单击"建模工具包"面板中的"结合"按钮，使其成为一个多边形对象，如图3-60所示。

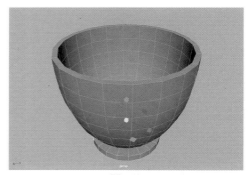

图3-59

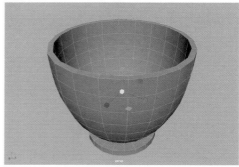

图3-60

12 选择如图3-61所示的边线，单击"建模工具包"面板中的"倒角"按钮，制作出如图3-62所示的模型结果。

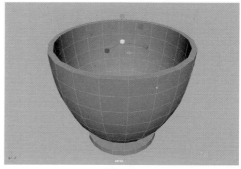

图3-61

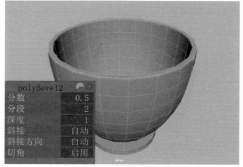

图3-62

13 选择如图3-63所示的边线，以同样的操作步骤制作出如图3-64所示的模型效果。

图3-63

图3-64

14 选择如图3-65所示的边线，单击"建模工具包"面板中的"连接"按钮，制作出如图3-66所示的模型效果。

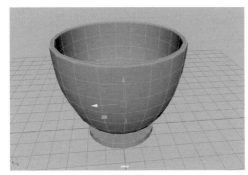

图3-65

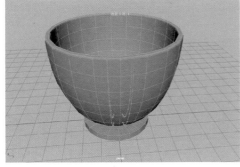

图3-66

15 选择如图3-67所示的面，多次单击"挤出"按钮，制作出如图3-68所示的模型结果。

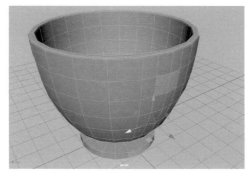

图3-67

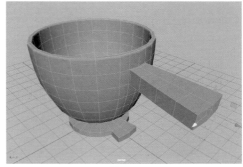

图3-68

16 在"前视图"中，调整杯子把手的顶点位置，制作出如图3-69所示的模型结果。

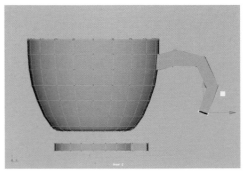

图3-69

17 选择如图3-70所示的面，单击"建模工具包"面板中的"桥接"按钮，制作出如图3-71所示的模型效果。

图3-70

图3-71

18 在"前视图"中调整杯子把手部分的顶点位置，制作出如图3-72所示的模型结果。

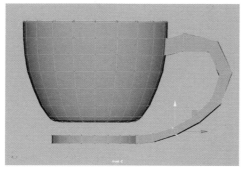

图3-72

19 选择如图3-73所示的边线，单击"建模工具包"面板中的"倒角"按钮，制作出如图3-74所示的模型效果。

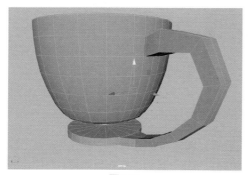

图3-73

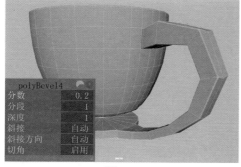

图3-74

20 以同样的操作步骤制作出杯子底座的细节，如图3-75所示。

图3-75

21 模型调整完成后，单击"多边形建模"工具架上的"按类型删除：历史"图标，如图3-76所示。

图3-76

22 按3键，对模型进行平滑效果显示，本实例的最终模型完成效果如图3-77所示。

图3-77

3.3.2 实例：制作发梳模型

本例将使用"建模工具包"中的命令来制作一把发梳的模型，如图3-78所示为本实例的最终完成效果。

图3-78

01 启动中文版Maya 2022软件，单击"多边形建模"工具架上的"多边形立方体"图标，如图3-79所示，在场景中创建一个长方体模型。

图3-79

02 在"属性编辑器"面板中，展开"多边形立方体历史"卷展栏，设置"宽度"值为6，"高度"值为0.8，"深度"值为15，"深度细分数"值为49，如图3-80所示。

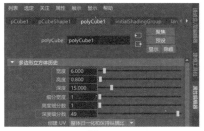

图3-80

03 在"建模工具包"面板中，单击"面选择"按钮，如图3-81所示，选择如图3-82所示的面。

图3-81

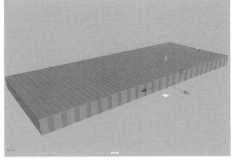

图3-82

04 单击"建模工具包"面板中的"挤出"按钮，对所选择的面进行多次挤出操作，制作出如图3-83所示的模型结果。

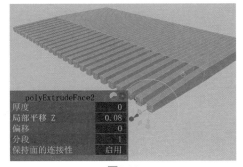

图3-83

05 选择如图3-84所示的面，单击"运动图形"工具架上的"弯曲"图标，如图3-85所示，为所选择的面添加弯曲手柄，如图3-86所示。

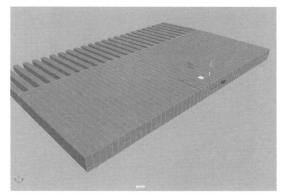

图3-84

图3-85

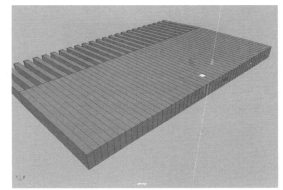

图3-86

06 使用"旋转"工具调整弯曲手柄的方向至如图3-87所示。

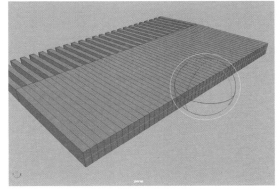

图3-87

07 在"非线性变形器属性"卷展栏中，设置"曲率"值为15，如图3-88所示，制作出如图3-89所示的模型结果。

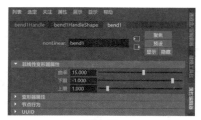

图3-88

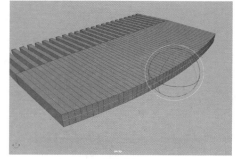

图3-89

08 选择发梳模型，单击"多边形建模"工具架上的"按类型删除：历史"图标，如图3-90所示。

图3-90

09 单击"建模工具包"面板中的"连接"按钮，在如图3-91所示位置处添加边线。

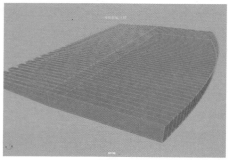

图3-91

10 选择如图3-92所示的顶点，使用"移动"工具调整其位置至如图3-93所示。

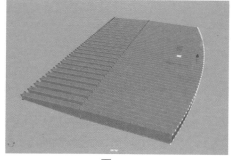

图3-92

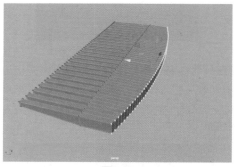

图3-93

11 选择如图3-94所示的边线，单击"建模工具包"面板中的"连接"按钮，在如图3-95所示位置处添加边线。

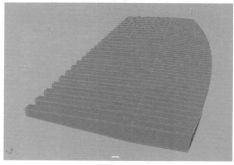

图3-94

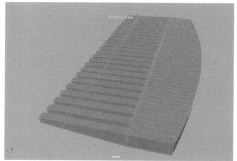

图3-95

12 在"顶视图"中，调整发梳的顶点位置，如图3-96所示，制作出发梳边缘处的弧形结构。

图3-96

13 单击"多边形建模"工具架上的"镜像"图

标，如图3-97所示。将调整完成的一端镜像至发梳模型的另一端，如图3-98所示。

图3-97

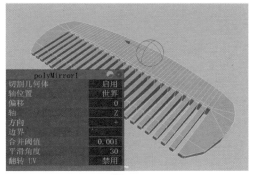

图3-98

14 再次单击"多边形建模"工具架上的"按类型删除：历史"图标后，发梳模型的完成效果如图3-99所示。

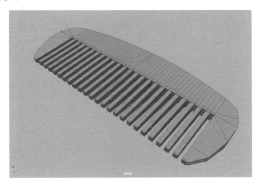

图3-99

15 按3键，对发梳模型进行平滑处理，本实例的最终模型结果如图3-100所示。

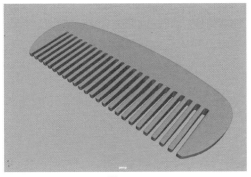

图3-100

3.3.3 实例：制作酒瓶模型

本例将使用"建模工具包"中的命令来制作一个

方形酒瓶的模型，如图3-101所示为本实例的最终完成效果。

图3-101

01 启动中文版Maya 2022软件，单击"多边形建模"工具架上的"多边形立方体"图标，如图3-102所示，在场景中创建一个长方体模型。

图3-102

02 在"属性编辑器"面板中，展开"多边形立方体历史"卷展栏，设置"宽度"值为9，"高度"值为18，"深度"值为6，"细分宽度"值为9，"高度细分数"值为5，"深度细分数"值为7，如图3-103所示。

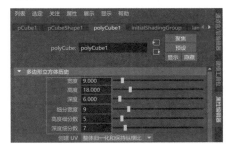

图3-103

03 设置完成后，长方体模型的显示结果如图3-104所示。

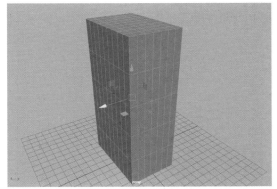

图3-104

04 选择如图3-105所示的面，单击"多边形建模"工具架上的"圆形圆角"图标，如图3-106所示，得到如图3-107所示的模型效果。

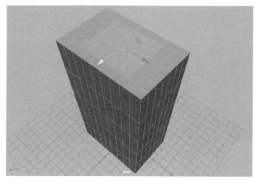

图3-105

图3-106

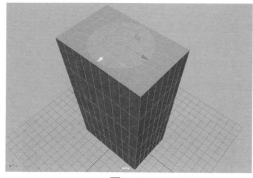

图3-107

05 单击"多边形建模"工具架上的"挤出"图标，如图3-108所示。

图3-108

06 对所选择的面进行多次挤出操作，制作出如图3-109所示的模型结果。

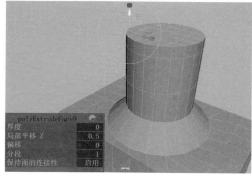

图3-109

07 按Delete键，将瓶口处的面进行删除，得到如图3-110所示的模型结果。

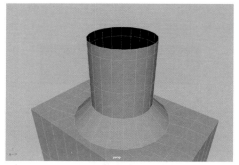

图3-110

08 选择瓶底位置处如图3-111所示的面，再次使用"圆形圆角"图标制作出如图3-112所示的模型结果。

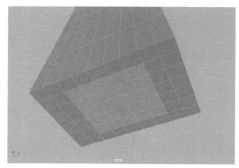

图3-111

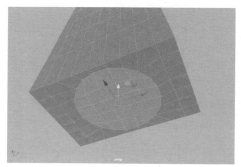

图3-112

09 使用"移动"工具和"缩放"工具对所选择的面进行细微调整，制作出如图3-113所示的模型结果。

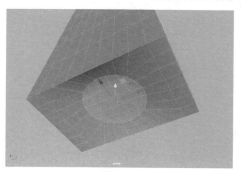

图3-113

10 使用"移动"工具调整瓶身位置处的边线，制作出如图3-114所示的模型结果。

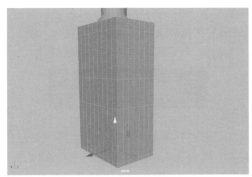

图3-114

11 选择酒瓶模型上的所有面，如图3-115所示，使用"挤出"工具制作出如图3-116所示的模型结果。

图3-115

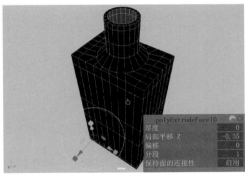

图3-116

12 执行菜单栏"网格显示"|"反向"命令，调整模型的显示效果如图3-117所示。

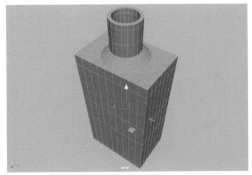

图3-117

13 选择如图3-118所示的面，使用"挤出"工具对所选择的面进行多次挤出，制作出如图3-119所示的模型结果。

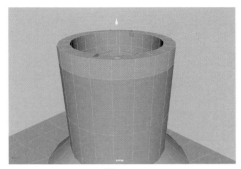

图3-118

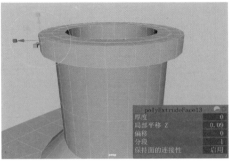

图3-119

14 选择如图3-120所示的边线，单击"建模工具包"面板中的"倒角"按钮，制作出如图3-121所示的模型结果。

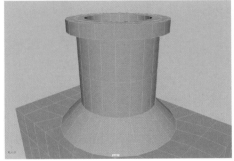

图3-120

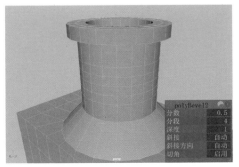

图3-121

15 选择如图3-122所示的面，使用"挤出"工具制作出如图3-123所示的模型结果。

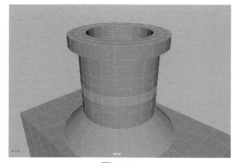

图3-122

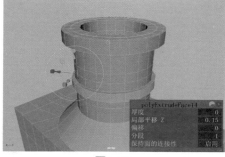

图3-123

16 在"右视图"中，调整瓶口位置处的顶点，制作出如图3-124所示的模型结果。

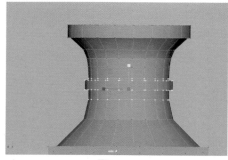

图3-124

17 调整完成后，按3键，对所选择的模型进行平滑显示，酒瓶模型的完成效果如图3-125所示。

图3-125

18 接下来，开始制作酒瓶上的盖子。单击"多边形建模"工具架上的"多边形圆柱体"图标，如图3-126所示，在场景中创建一个圆柱体模型。

图3-126

19 在"修改"面板中，设置"半径"值为2.3，"高度"值为1.1，"端面细分数"值为2，如图3-127所示。设置完成后，圆柱体模型的视图显示结果如图3-128所示。

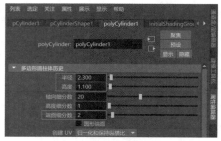

图3-127

图3-128

20 选择如图3-129所示的面，单击"建模工具包"面板中的"挤出"按钮，制作出如图3-130所示的模型结果。

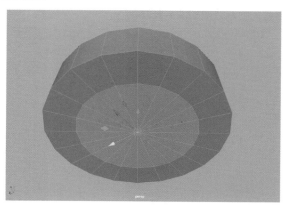

图3-129

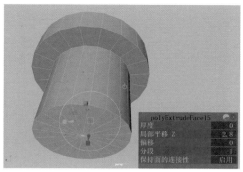

图3-130

21 选择如图3-131所示的边线，单击"建模工具包"面板中的"倒角"按钮，制作出如图3-132所示的模型结果。

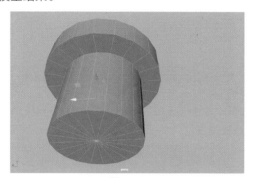

图3-131

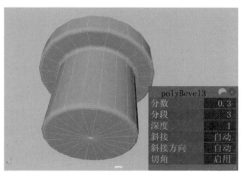

图3-132

22 设置完成后，按3键，对模型进行平滑显示，制作完成的瓶盖模型如图3-133所示。

图3-133

23 选择场景中的酒瓶模型和瓶盖模型，单击"多边形建模"工具架上的"按类型删除：历史"图标，并调整瓶盖模型的位置至酒瓶瓶口位置处，如图3-134所示。

图3-134

24 本实例的模型最终完成效果如图3-135所示。

图3-135

3.3.4　实例：制作圆桌模型

本例将使用"建模工具包"中的命令来制作一个圆桌的模型，如图3-136所示为本实例的最终完成效果。

图3-136

01 启动中文版Maya 2022软件，单击"多边形建模"工具架上的"多边形圆锥体"图标，如图3-137所示，在场景中创建一个圆锥体模型。

图3-137

02 在"属性编辑器"面板中，展开"多边形圆锥体历史"卷展栏，设置"半径"值为12，"高度"

值为60，"轴向细分数"值为20，"高度细分数"值为6，"端面细分数"值为1，如图3-138所示。设置完成后，圆锥体模型的视图显示结果如图3-139所示。

图3-138

图3-139

03 选择如图3-140所示的顶点，调整其位置至如图3-141所示。

图3-140

图3-141

04 单击"建模工具包"面板中的"连接"按钮，在如图3-142所示的位置处添加边线，并使用"缩放"工具和"移动"工具调整边线的位置，制作出如图3-143所示的模型结果。

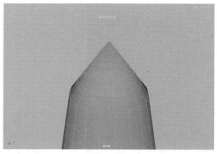

图3-142

图3-143

05 再次单击"连接"按钮，在如图3-144所示的位置处添加边线。

图3-144

06 选择如图3-145所示的面，单击"多边形建模"工具架中的"挤出"图标，如图3-146所示，制作出如图3-147所示的模型结果。

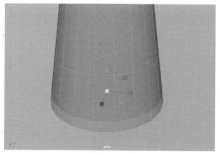

图3-145

图3-146

图3-147

07 单击"多边形建模"工具架上的"多边形立方体"图标，如图3-148所示。在场景中创建一个长方体模型。

图3-148

08 在"属性编辑器"面板中，展开"多边形立方体历史"卷展栏，设置"宽度"值为70，"高度"值为1，"深度"值为5，"细分宽度"值为50，"高度细分数"值为1，"深度细分数"值为1，如图3-149所示。设置完成后，调整长方体模型的位置，如图3-150所示。

图3-149

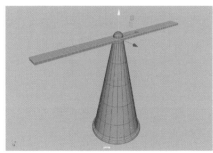

图3-150

09 单击"运动图形"工具架上的"弯曲"图标，如图3-151所示，为长方体模型添加弯曲手柄，如图3-152所示。

图3-151

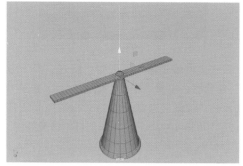

图3-152

10 在"非线性变形器属性"卷展栏中，设置"曲率"值为55，如图3-153所示，制作出如图3-154所示的模型结果。

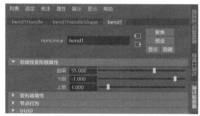

图3-153

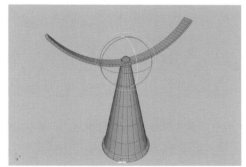

图3-154

11 单击"多边形建模"工具架上的"镜像"图标，制作出如图3-155所示的模型结果。

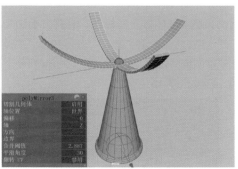

图3-155

12 单击"多边形建模"工具架上的"多边形圆环"图标，如图3-156所示，在场景中创建一个圆环模型。

图3-156

13 在"属性编辑器"面板中，展开"多边形圆环历史"卷展栏，设置"半径"值为30，"截面半径"值为0.7，"轴向细分数"值为50，"高度细分数"值为12，如图3-157所示，并调整其位置至如图3-158所示。

图3-157

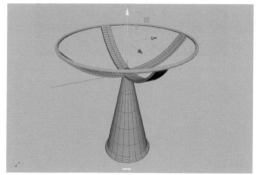

图3-158

14 单击"多边形建模"工具架上的"多边形圆柱体"图标，如图3-159所示，在场景中创建一个圆柱体模型。

图3-159

15 在"属性编辑器"面板中，展开"多边形圆柱体历史"卷展栏，设置"半径"值为30，"高度"值为1，"轴向细分数"值为50，如图3-160所示，并调整其位置至如图3-161所示。

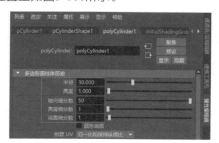

图3-160

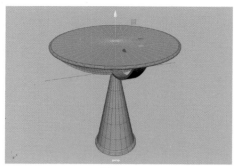

图3-161

16 本实例的最终模型完成效果如图3-162所示。

图3-162

3.3.5 实例：制作沙发模型

本例将使用"建模工具包"中的命令来制作一个单人沙发的模型，如图3-163所示为本实例的最终完成效果。

图3-163

01 启动中文版Maya 2022软件，单击"多边形建模"工具架上的"多边形长方体"图标，如图3-164所示，在场景中创建一个长方体模型。

图3-164

02 在"属性编辑器"面板中，展开"多边形立方体历史"卷展栏，设置"宽度"值为70，"高度"值为10，"深度"值为70，如图3-165所示。

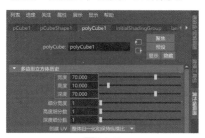

图3-165

03 选择如图3-166所示的边线，单击"多边形建模"工具架上的"倒角"图标，如图3-167所示，制作出如图3-168所示的模型效果。

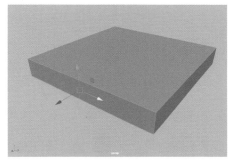

图3-166

图3-167

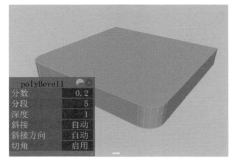

图3-168

04 选择另一侧的两条边线，如图3-169所示，使用同样的步骤制作出如图3-170所示的模型效果。

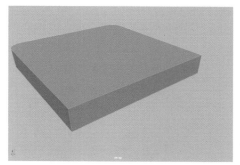

图3-169

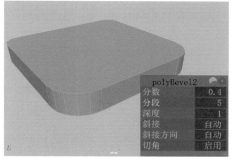

图3-170

05 选择如图3-171所示的面，单击"多边形建模"工具架上的"挤出"图标，如图3-172所示，制作出如图3-173所示的模型效果。

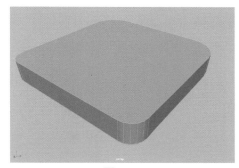

图3-171

图3-172

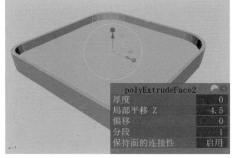

图3-173

06 选择如图3-174所示的边线，单击"多边形建模"工具架上的"倒角"图标，制作出如图3-175所示的模型效果。

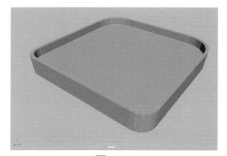

图3-174

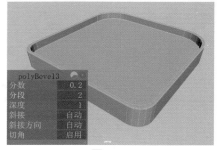

图3-175

07 单击"多边形建模"工具架上的"多边形长方体"图标，再次在场景中创建一个长方体模型，并调整其位置和大小至如图3-176所示。

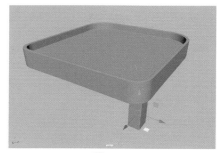

图3-176

08 单击"多边形建模"工具架上的"倒角"图标，对长方体模型进行修改，制作出如图3-177所示的模型结果。

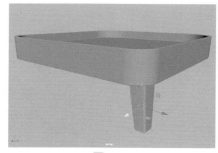

图3-177

09 单击"多边形建模"工具架上的"镜像"图标，如图3-178所示，制作出沙发模型的其他3条腿，如图3-179所示。

图3-178

图3-179

10 在场景中创建一个长方体模型，并调整其位置和大小至如图3-180所示，用来制作坐垫模型。

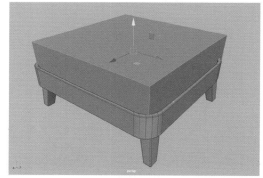

图3-180

11 使用相同的操作步骤对长方体模型进行"倒角"操作，制作出如图3-181所示的模型结果。

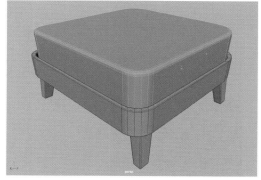

图3-181

12 单击"建模工具包"面板中的"连接"按钮，在如图3-182所示的位置添加边线。

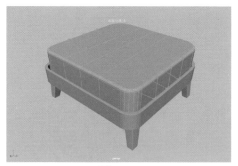

图3-182

13 将制作完成的坐垫模型进行复制，并调整其位置和角度至如图3-183所示，用来制作沙发的靠背垫子。

图3-183

14 在"顶视图"如图3-184所示位置处创建一个长方体模型，用来制作扶手模型。

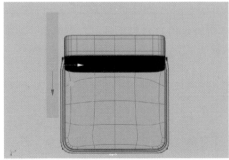

图3-184

15 在"属性编辑器"面板中，展开"多边形立方体历史"卷展栏，设置"宽度"值为8，"高度"值为3，"深度"值为70，"深度细分数"值为2，如图3-185所示，并调整其位置至如图3-186所示。

图3-185

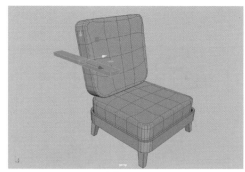

图3-186

16 在"顶视图"中，调整长方体的顶点位置至如图3-187所示。

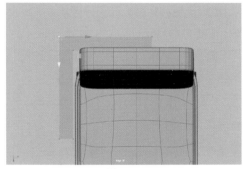

图3-187

17 单击"建模工具包"面板中的"倒角"按钮，制作出如图3-188所示的模型结果。

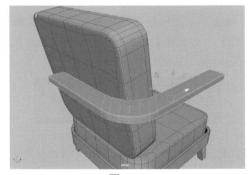

图3-188

18 在如图3-189所示位置处创建一个长方体模型。

图3-189

19 调整其顶点位置，制作出如图3-190所示的模型结果。

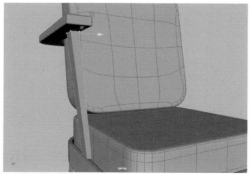

图3-190

20 以同样的操作步骤制作出沙发扶手上的其他连接部分，如图3-191所示。

图3-191

21 单击"多边形建模"工具架上的"镜像"图标，如图3-192所示。将调整完成的一端镜像至扶手模型的另一端，如图3-193所示。

图3-192

图3-193

22 选择靠背垫子模型，单击"运动图形"工具架上的"弯曲"图标，为其添加弯曲手柄，制作出如图3-194所示的模型结果。

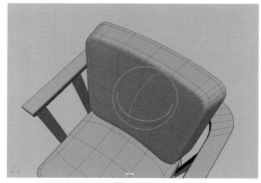

图3-194

23 本实例的模型最终完成效果如图3-195所示。

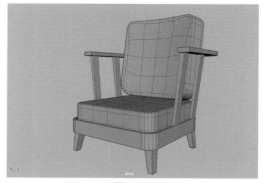

图3-195

3.3.6 实例：制作烟灰缸模型

本例将使用"建模工具包"中的命令来制作一个烟灰缸的模型，如图3-196所示为本实例的最终完成效果。

图3-196

01 启动中文版Maya 2022软件，单击"多边形建模"工具架上的"多边形圆柱体"图标，如图3-197所示，在场景中创建一个圆柱体模型。

图3-197

02 在"属性编辑器"面板中，展开"多边形圆柱体历史"卷展栏，设置"半径"值为6，"高度"值为3，"轴向细分数"值为36，如图3-198所示。

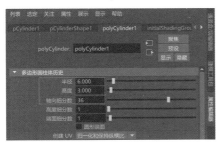

图3-198

03 选择如图3-199所示的边线，单击"建模工具包"面板中的"倒角"按钮，制作出如图3-200所示的模型效果。

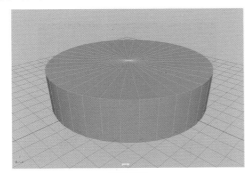

图3-199

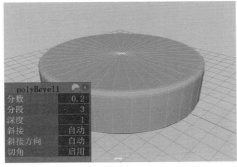

图3-200

04 使用Ctrl+D组合键对圆柱体模型进行复制，并对复制出来的圆柱体模型进行缩放和位移操作，如图3-201所示。

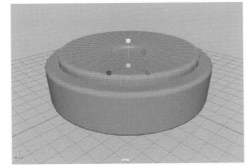

图3-201

05 先选择场景中较大的圆柱体模型，按Shift键，

加选场景中较小的圆柱体模型，单击"建模工具包"面板中的"布尔"按钮，得到如图3-202所示的模型结果。

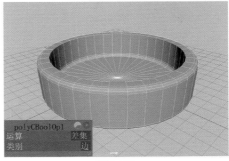

图3-202

06 单击"多边形圆柱体"按钮，在"右视图"中创建一个圆柱体模型，如图3-203所示。

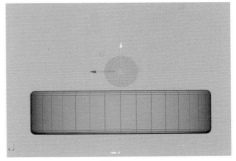

图3-203

07 单击"捕捉到点"按钮，开启Maya软件的捕捉到点功能，如图3-204所示。

图3-204

08 在"透视视图"中，按D键，将圆柱体模型的坐标轴更改到圆柱体一侧的中心位置处，如图3-205所示。

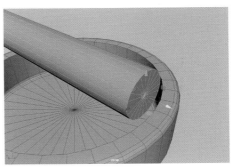

图3-205

09 对圆柱体模型进行复制，并以自身的坐标轴为中心点旋转120°，如图3-206所示。

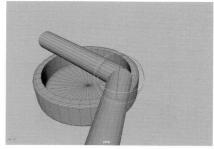

图3-206

10 使用Shift+D组合键可以再次得到一个圆柱体模型，如图3-207所示。

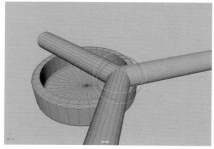

图3-207

11 在"顶视图"中，调整这3个圆柱体模型的位置至如图3-208所示位置处。

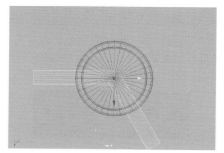

图3-208

12 在"透视视图"中，调整模型的高度至如图3-209所示位置处。

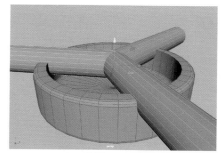

图3-209

13 对场景中的圆柱体模型依次进行"布尔"命令操作，即可得到一个带有凹槽的烟灰缸模型，如图3-210所示。

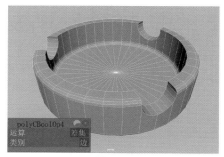

图3-210

14 单击"多边形建模"工具架上的"重新拓扑"图标，如图3-211所示，重新计算模型的边线，如图3-212所示。

图3-211

图3-212

15 在"面数"卷展栏中，设置"目标面数"值为5000，如图3-213所示。

图3-213

16 本实例的最终模型完成效果如图3-214所示。

图3-214

3.3.7　实例：制作开瓶器模型

本例将使用"建模工具包"中的命令来制作开瓶器的模型，如图3-215所示为本实例的最终完成效果。

图3-215

01 启动中文版Maya 2022软件，右击"多边形建模"工具架上的"柏拉图多面体"图标，在弹出的菜单中执行"螺旋线"命令，如图3-216所示，在场景中创建一个螺旋线模型。

图3-216

02 在"属性编辑器"面板中，展开"多边形螺旋线历史"卷展栏，设置"圈数"值为7，"高度"值为10，"宽度"值为2，"半径"值为0.5，"轴向细分数"值为6，"圈细分数"值为20，如图3-217所示。调整完成后，螺旋线模型的视图显示结果如图3-218所示。

图3-217

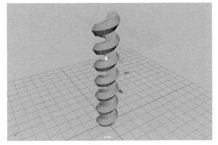

图3-218

03 选择如图3-219所示的面，按Delete键将其删除，得到如图3-220所示的模型结果。

图3-219

图3-220

04 选择如图3-221所示的两条边线，单击"建模工具包"面板中的"桥接"按钮，制作出如图3-222所示的模型结果。

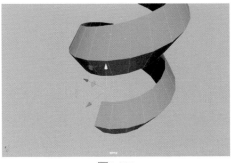

图3-221

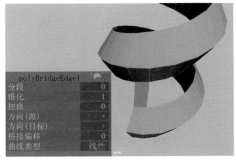

图3-222

05 以同样的操作步骤制作出螺旋线模型如图3-223所示位置处的结构。

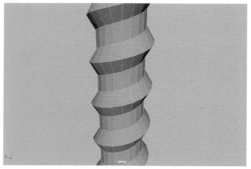

图3-223

06 选择如图3-224所示的边线，使用"缩放"工具对其进行缩放，制作出如图3-225所示的模型结果。

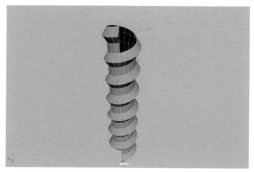

图3-224

图3-225

07 选择如图3-226所示边线，执行菜单栏"网格"|"填充洞"命令，制作出如图3-227所示的模型效果。

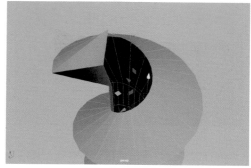

图3-226

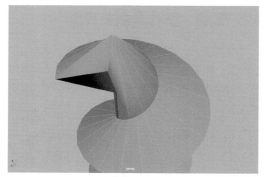

图3-227

08 选择如图3-228所示的面，将其删除，得到如图3-229所示的模型结果。

图3-228

图3-229

09 选择如图3-230所示的面，对其进行"挤出"操作，制作出如图3-231所示的模型结果。

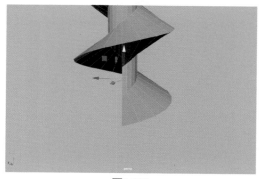

图3-230

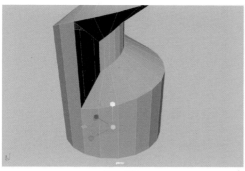

图3-231

10 使用相同的操作步骤将如图3-232所示位置处的缺口补上。

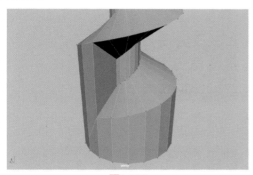

图3-232

11 选择如图3-233所示的边线，单击"建模工具包"面板中的"倒角"按钮，制作出如图3-234所示的模型结果。

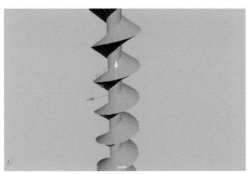

图3-233

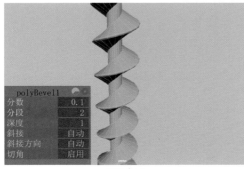

polyBevel1
分数   0.1
分段   2
深度   1
斜接   自动
斜接方向   自动
切角   启用

图3-234

12 选择如图3-235所示的边线，对其进行多次挤出操作，制作出如图3-236所示的模型结果。

图3-235

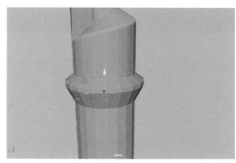

图3-236

13 调整完成后，按3键，开瓶器的螺旋结构完成效果如图3-237所示。

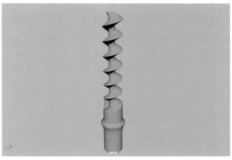

图3-237

14 单击"多边形建模"工具架上的"多边形圆柱体"图标，在"前视图"中创建一个圆柱体模型，如图3-238所示。

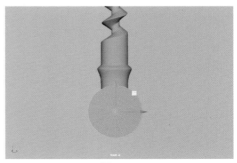

图3-238

15 在"属性编辑器"面板中，展开"多边形圆柱体历史"卷展栏，设置"半径"值为1.2，"高度"值为15，"轴向细分数"值为20，"高度细分数"值为10，如图3-239所示，并调整圆柱体的位置至如图3-240所示。

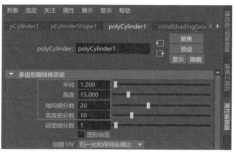

图3-239

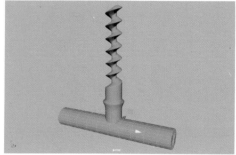

图3-240

16 选择如图3-241所示的边线，单击"建模工具包"面板中的"倒角"按钮，制作出如图3-242所示的模型结果。

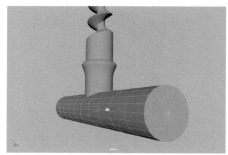

图3-241

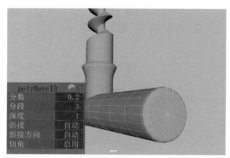

图3-242

17 本实例的模型最终完成效果如图3-243所示。

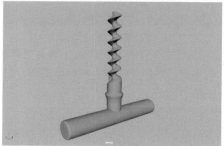

图3-243

第4章

灯光技术

4.1 灯光概述

　　灯光的设置是三维制作表现中非常重要的一环，灯光不仅可以照亮物体，在表现场景气氛、天气效果等方面同样起着至关重要的作用。在设置灯光时，如果场景中灯光过于明亮，渲染出来的画面则会处于一种曝光状态；如果场景中的灯光过于暗淡，则渲染出来的画面有可能显得比较平淡，毫无吸引力，甚至导致画面中的很多细节无法体现。虽然在Maya中，灯光的设置参数比较简单，但是若要制作出真实的光照效果仍然需要不断实践，且渲染起来非常耗时。使用Maya所提供的灯光工具，可以轻松地为制作完成的场景添加照明。因为三维软件的渲染程序可以根据用户的灯光设置严格执行复杂的光照计算，但是如果灯光师在制作光照设置前肯花大量时间来收集资料并进行光照设计，那么则可以使用这些简单的灯光工具创建出更加复杂的视觉光效。所以在设置灯光前应该充分考虑自己所要达到的照明效果，切不可抱着能打出什么样灯光效果就算什么灯光效果的侥幸心理。只有认真并有计划地设置灯光，所产生的渲染结果才能打动人心。

　　对于刚刚接触灯光系统的三维制作人员而言，想要给自己的作品设置合理的灯光效果，最好先收集整理一些相关的图像素材来进行参考。设置灯光时，灯光的种类、颜色及位置应来源于生活。任何人都不可能轻松地制作出一个从未见过的光照环境，所以学习灯光时需要用户对现实中的不同光照环境处处留意。自然界中的光色彩绚丽，通常人们会认为室外环境光是偏白色或偏黄色一些，但实际上阳光照射在大地上的颜色会随着一天中的不同时间段、天气情况、周围环境等因素的变化而不同，掌握这一点对于进行室外场景照明设置时非常重要。如图4-1和图4-2所示为不同天气下拍摄的室外环境光影效果。

图4-1

图4-2

　　另外，使用相机拍照时，顺光拍摄、逆光拍摄和侧光拍摄所得到的图像光影效果也完全不同，如图4-3～图4-5所示。

图4-3

图4-4

图4-5

4.2　灯光照明技术

在影片制作中，光线在增强场景氛围中可以起到极其关键的作用。例如晴朗清澈的天空可以产生明亮的光线及具有锐利边缘的阴影，而在阴天环境中，光线则是分散而柔和的，所以不同时间段天空所产生的光影效果可以轻易影响画面主体的纹理细节表现，进而对画面氛围产生影响。在Maya软件中对场景进行照明设置，可以借鉴现实中的场景灯光布置技巧，但是软件中的灯光解决方案则更具有灵活性，所以在实现具体照明设置的方法上还是具有一定差异的。用户在学习灯光照明技术之前，有必要先了解软件中的灯光照明技术。

4.2.1　三点照明

三点照明是电影摄影及广告摄影中常用的灯光布置手法，并且在三维软件中也同样适用。这种照明方式可以通过较少的灯光设置来得到较为立体的光影效果。

三点照明，顾名思义，就是在场景中设置三个光源，这三个光源每一个都有其具体的功能作用，分别是主光源、辅助光源和背光。其中，主光源用来给场景提供最主要的照明，从而产生最明显的投影效果；辅助光源则用来模拟间接照明，也就是主光照射到环境上所产生的反射光线；背光则用来强调画面主体与背景的分离，一般在画面中主体后面进行照明，通过作用于主体边缘而产生的微弱光影轮廓而加强场景的深度体现。

4.2.2　灯光阵列

当模拟室外环境天光照明时，采用灯光阵列照明技术则是一个很好的解决光源从物体的四面八方进行包围场景的照明方案。尤其是在三维软件刚刚产生的早期时代，灯光阵列技术在动画场景中的应用非常普遍。

4.2.3　全局照明

全局照明可以渲染出比之前所提到的两种照明技术要更加准确的光影效果，这一技术的出现，使得灯光的设置开始变得便捷并易于掌握。这种技术经过多年的发展，已经在市面上存在的大多数三维渲染程序中确立了自己的坚固地位。通过全局照明技术，用户可以在场景中仅创建少量的灯光就可以照亮整个场景，极大地简化了三维场景中的灯光设置步骤。但是这种技术的流行则更多缘于其照明渲染效果非常优秀，无限接近现实中的场景照明结果。在中文版Maya 2022软件中，Arnold渲染器使用的就是全局照明技术。

4.3　Maya 灯光

Maya 2022为用户提供了多种灯光工具，在"渲染"工具架上可以找到这些灯光图标，如图4-6所示。

图4-6

工具解析

- 环境光：创建环境光。
- 平行光：创建平行光。
- 点光源：创建点光源。
- 聚光灯：创建聚光灯。
- 区域光：创建区域光。
- 体积光：创建体积光。

4.3.1 基础操作：创建灯光

【知识点】创建区域光，调整灯光常用参数。

01 启动中文版Maya 2022软件，单击"多边形建模"工具架上的"多边形平面"图标，如图4-7所示。

图4-7

02 在场景中创建一个平面模型，如图4-8所示。

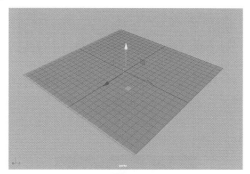

图4-8

03 单击"多边形建模"工具架上的"多边形圆柱体"图标，如图4-9所示。

图4-9

04 在场景中创建一个圆柱体模型，如图4-10所示。

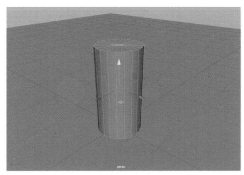

图4-10

05 单击"渲染"工具架上的"区域光"图标，如图4-11所示，在场景中创建一个区域光，如图4-12所示。

图4-11

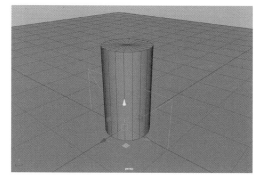

图4-12

06 在"通道盒/层编辑器"面板中，调整区域光的"平移Y"值为2，"平移Z"值为5，如图4-13所示。设置完成后，观察场景，区域光的位置如图4-14所示。

图4-13

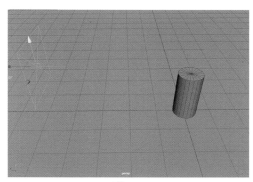

图4-14

07 在"通道盒/层编辑器"面板中，调整区域光的"强度"值为9，Ai Exposure值为5，如图4-15所示。

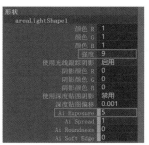

图4-15

08 单击Arnold工具架上的Render图标，如图4-16所示。渲染场景，渲染结果如图4-17所示。

图4-16

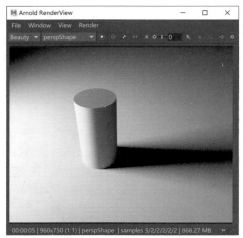

图4-17

4.3.2 实例：制作静物灯光照明效果

本例将使用Maya的灯光工具来制作静物灯光照明效果，如图4-18所示为本实例的最终完成效果。

图4-18

01 启动中文版Maya 2022软件，打开本书配套资源"文字.mb"文件，场景中有一个文字模型，并已经设置完成摄影机及材质，如图4-19所示。

图4-19

02 单击"渲染"工具架上的"聚光灯"图标，如

图4-20所示，在场景中创建一个聚光灯，如图4-21所示。

图4-20

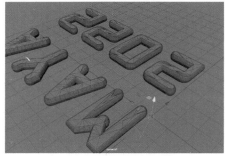

图4-21

03 在"通道盒/层编辑器"面板中，调整聚光灯的"平移X"值为-12，"平移Y"值为3，"平移Z"值为12，"旋转X"值为-15，"旋转Y"值为-45，"旋转Z"值为0，如图4-22所示。

图4-22

04 在"属性编辑器"面板中，展开"聚光灯属性"卷展栏，设置灯光的"强度"值为10，"圆锥体角度"值为80，如图4-23所示。

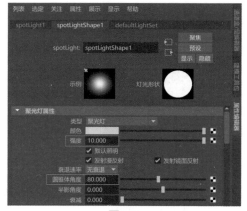

图4-23

05 展开Arnold卷展栏，需要注意的是这里的参数都是英文显示。勾选Use Color Temperature选项，设置Temperature值为20000，设置Exposure值为9，设置Samples值为5，如图4-24所示。

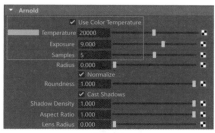

图4-24

06 设置完成后，渲染场景，渲染结果如图4-25
所示。

图4-25

07 从渲染图上来看，文字的影子边缘过于清晰，
显得很不自然。在Arnold卷展栏中，设置Radius值
为15，如图4-26所示。再次渲染场景，渲染结果如
图4-27所示。

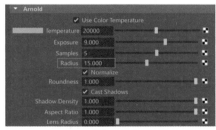

图4-26

图4-27

08 在Arnold卷展栏中，设置Shadow Density值为
0.8，如图4-28所示，这样可以降低阴影的颜色。再
次渲染场景，本实例的最终渲染结果如图4-29所示。

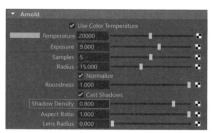

图4-28

图4-29

4.3.3 实例：制作室内天光照明效果

本例将使用Maya的灯光工具来制作室内天光表
现的照明效果，如图4-30所示为本实例的最终完成
效果。

图4-30

01 启动中文版Maya 2022软件，打开本书配套资
源"卧室.mb"文件，这是一个室内的场景模型，并
已经设置完成材质及摄影机的渲染角度，如图4-31
所示。

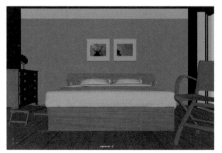

图4-31

02 单击"渲染"工具架上的"区域光"图标，如图4-32所示，在场景中创建一个区域光，如图4-33所示。

图4-32

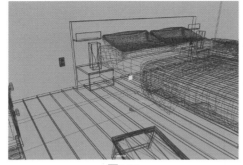

图4-33

03 按R键，使用"缩放"工具对区域光进行缩放，在"右视图"中调整其大小至如图4-34所示，与场景中房间的窗户大小相近即可。

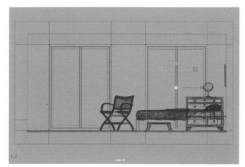

图4-34

04 使用"移动"工具调整区域光的位置至如图4-35所示。在"透视视图"中将灯光放置在房间中窗户模型的位置处。

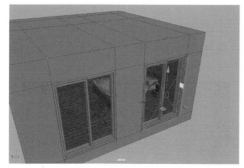

图4-35

05 在"属性编辑器"面板中，展开"区域光属性"卷展栏，设置区域光的"强度"值为50，如图4-36所示。

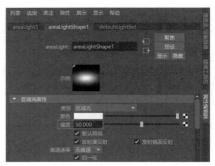

图4-36

06 在Arnold卷展栏中，勾选Use Color Temperature选项，设置Temperature值为8500，设置Exposure值为12，如图4-37所示。

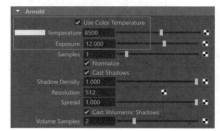

图4-37

07 观察场景中的房间模型，可以看到该房间的一侧墙上有2个窗户，所以将刚刚创建的区域光复制出来一个，并调整其位置至另一个窗户模型的位置处，如图4-38所示。

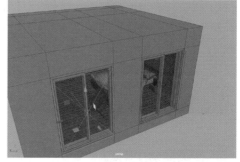

图4-38

08 设置完成后，渲染场景，渲染结果如图4-39所示。

图4-39

09 在Arnold RenderView面板右侧的Display选项卡中，设置渲染图像的Gamma值为1.5，可以提高渲染图像的亮度，如图4-40所示。

图4-40

10 本实例的最终渲染结果如图4-41所示。

图4-41

4.4　Arnold 灯光

中文版Maya 2022软件内整合了全新的Arnold灯光系统，使用这一套灯光系统并配合Arnold渲染器，可以渲染出超写实的画面效果。需要注意的是，目前Arnold工具架中图标的参数命令全部为英文显示。在Arnold工具架上用户可以找到并使用这些全新的灯光按钮，如图4-42所示。

图4-42

工具解析

- ■Area Light：创建区域光。
- ■Mesh Light：创建网格灯光。
- ■Photometric Light：创建光度学灯光。
- ■SkyDome Light：创建天空光。
- ■Light Portal：创建灯光入口。
- ■Physical Sky：创建物理天空。

4.4.1　实例：制作床头灯照明效果

本例将使用Maya的Mesh Light（网格灯光）工具来制作床头灯的照明效果，本实例的最终渲染效果如图4-43所示。

图4-43

01 启动中文版Maya 2022软件，打开本书配套资源"床头灯.mb"文件，里面是一个室内空间的场景，并已经设置完成摄影机及材质，如图4-44所示。

图4-44

02 该场景中还在房间窗户模型的位置处预先设置了辅助照明灯光，如图4-45所示。

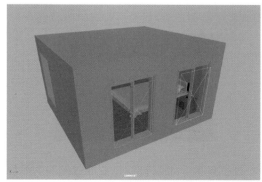

图4-45

03 现在渲染场景，场景的默认渲染结果如图4-46所示。

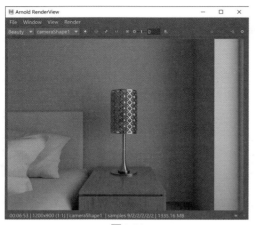

图4-46

04 在场景中选择床头灯里的灯管模型，如图4-47所示。

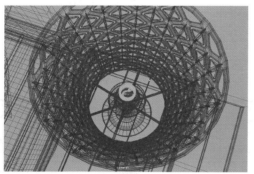

图4-47

05 在Arnold工具架上单击 Mesh Light（网格灯光）图标，如图4-48所示，将所选择的灯管模型设置为网格灯光的载体。

图4-48

06 设置完成后，观察"大纲视图"，可以看到网格灯光和灯管模型的层级关系如图4-49所示。

图4-49

07 观察场景，可以看到现在灯管模型的颜色像Maya灯光对象一样显示为红色，如图4-50所示。

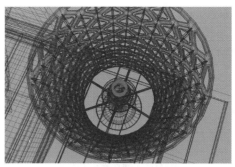

图4-50

08 在"属性编辑器"面板，展开Light Attributes卷展栏，设置灯光的Intensity的值为50，Exposure的值为11，可以提高灯光的照明强度。勾选Use Color Temperature选项，设置Temperature值为3500，可以更改灯光的颜色；设置Samples的值为5，可以提高灯光的光影采样值，如图4-51所示。

图4-51

09 设置完成后，渲染场景，本实例的最终渲染结果如图4-52所示。

图4-52

4.4.2 实例：制作室内阳光照明效果

本例将使用Maya的Physical Sky（物理天空）工具来制作室内日光表现的照明效果。在进行灯光设置之前，非常有必要先观察一下现实生活中阳光透过窗户照射进室内所产生的光影效果，如图4-53所示为一张插座照片，通过该图可以看出距离墙体远近不同的物体所投射的影子，其虚实程度有很大变化。其中，A处为窗户的投影，因为距离墙体最远，所以投影也最虚。B处为插座的投影，因为距离墙体最近，所以投影也最实。C处为电器插头连线的投影，从该处可以清晰地看到阴影从实到虚的渐变变化。

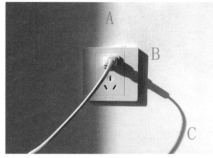

图4-53

参考上图的光影效果来完成本实例的灯光设置，本实例使用4.3.3节实例的场景文件，灯光设置完成的最终渲染效果如图4-54所示。

图4-54

01 启动中文版Maya 2022软件，打开本书配套资源"卧室.mb"文件，这是一个室内的场景模型，并已经设置完成材质及摄影机的渲染角度，如图4-55所示。

图4-55

02 单击Arnold工具架中的Physical Sky（物理天空）图标，如图4-56所示。

图4-56

03 在场景中创建一个物理天空灯光，如图4-57所示。

图4-57

04 打开"属性编辑器"面板，展开aiPhysicalSky1选项卡，设置Elevation的值为30，Azimuth的值为40，调整出阳光的照射角度；设置Intensity的值为20，增加阳光的亮度；设置Sun Size的值为1，增加太阳的大小，该值可以影响阳光对模型产生的阴影效果，Sky Tint和Sun Tint的颜色保持默认不变，如图4-58所示。

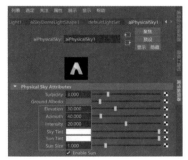

图4-58

05 设置完成后，渲染场景，渲染结果如图4-59所示。

图4-59

06 观察渲染结果，可以看到渲染出来的图像感觉还是略微有点偏暗，这时可以调整Display选项卡中的Gamma值为1.25，将渲染图像调亮，得到较为理想的光影渲染效果，如图4-60所示。

图4-60

07 执行渲染窗口上方的"File/Save Image Options"菜单命令，如图4-61所示。

图4-61

08 在弹出的Save Image Options对话框中，勾选Apply Gamma/Exposure选项，如图4-62所示。这样在保存渲染图像时，就可以将调整了图像Gamma值的渲染结果保存到本地硬盘上。

图4-62

09 本实例的最终渲染结果如图4-63所示。

图4-63

4.4.3 实例：制作室外阳光照明效果

本例将使用Maya的Physical Sky（物理天空）工具来制作室外天空环境的照明效果，如图4-64所示为本实例的最终完成效果。

图4-64

01 启动中文版Maya 2022软件，打开本书配套资源"房屋.mb"文件，场景中有一个房子的建筑外观模型，并已经设置完成材质及摄影机的渲染角度，如图4-65所示。

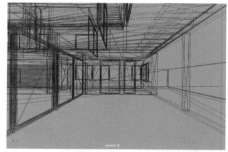

图4-65

02 单击Arnold工具架上的Physical Sky（物理天空）图标，如图4-66所示。

图4-66

03 在场景中创建一个物理天空灯光，如图4-67所示。

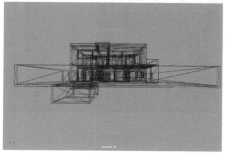

图4-67

04 渲染场景，物理天空灯光作用在场景中的默认渲染结果如图4-68所示。

图4-68

05 在"属性编辑器"面板中，展开Physical Sky Attributes卷展栏，调整Elevation的值为30，Azimuth的值为70，调整太阳的高度及照射角度；设置Intensity的值为2.5，增加灯光的强度，如图4-69所示。

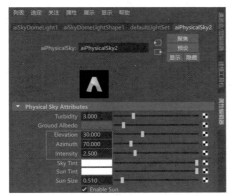

图4-69

06 设置完成后，渲染场景，渲染结果如图4-70所示。

图4-70

07 在Display选项卡中，设置渲染图像的Gamma值为2，为渲染图像增加亮度，如图4-71所示。

图4-71

08 本实例的最终渲染结果如图4-72所示。

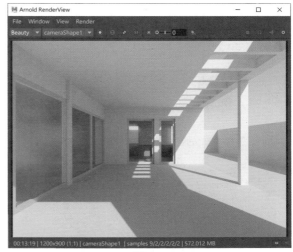

图4-72

4.4.4 实例：制作荧光照明效果

本例将使用Maya的Mesh Light（网格灯光）工具来制作物体发光所产生的荧光照明效果，如图4-73所示为本实例的最终完成效果。

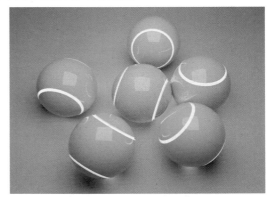

图4-73

01 启动中文版Maya 2022软件，打开本书配套资源"小球.mb"文件，场景中有一组小球模型，并已经设置完成材质及摄影机的渲染角度，如图4-74所示。

图4-74

02 单击Arnold工具架上的Area Light（区域光）图标，如图4-75所示。在场景中创建一个区域光，如图4-76所示。

图4-75

图4-76

03 在"通道盒/层编辑器"面板中，设置区域光的"平移X"值为0，"平移Y"值为50，"平移Z"值为0，"旋转X"值为-90，"缩放X"值为20，"缩放Y"值为20，"缩放Z"值为20，如图4-77所示。设置完成后，区域光的位置如图4-78所示。

图4-77

图4-78

04 在"属性编辑器"面板，展开Arnold Area Light Attributes卷展栏，设置灯光的Intensity的值为8，Exposure的值为9，可以提高灯光的照明强度。勾选Use Color Temperature选项，设置Temperature值为3500，可以更改灯光的颜色为黄色，如图4-79所示。

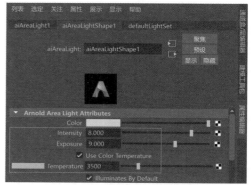

图4-79

05 渲染场景，渲染结果如图4-80所示。

图4-80

06 在Display选项卡中，设置渲染图像的Gamma值为3，为渲染图像增加亮度，如图4-81所示。设置完成后，观察渲染图，可以看到渲染图像的亮度明显提升了，如图4-82所示。

图4-81

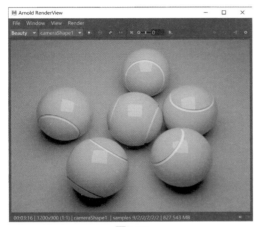

图4-82

07 现在在场景中选择小球的白线部分模型，如图4-83所示。准备制作出荧光照明效果。

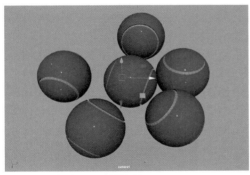

图4-83

08 在Arnold工具架上单击 Mesh Light（网格灯光）图标，如图4-84所示，将所选择的白线部分模型

设置为网格灯光的载体。

图4-84

09 在"属性编辑器"面板，展开Light Attributes卷展栏，设置灯光的Intensity的值为9，Exposure的值为8，可以提高灯光的照明强度。勾选Use Color Temperature选项，设置Temperature值为2000，可以更改灯光的颜色为橙色；设置Samples的值为5，可以提高灯光的光影采样值，如图4-85所示。

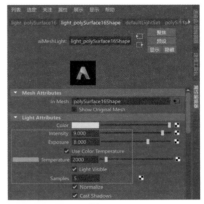

图4-85

10 本实例的最终渲染结果如图4-86所示。

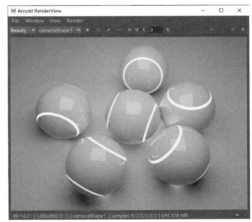

图4-86

第 5 章
摄影机技术

5.1　摄影机概述

　　从公元前400多年前墨子记述针孔成像开始，到现在众多高端品牌的相机产品，摄影机无论是在外观、结构，还是功能上都发生了翻天覆地的变化。最初的相机结构相对简单，仅仅包括暗箱、镜头和感光的材料，拍摄出来的画面效果也不尽如人意。而现代的相机以其精密的镜头、光圈、快门、测距、输片、对焦等系统融合了光学、机械、电子、化学等技术可以随时随地地完美记录人们的生活画面，将一瞬间的精彩永久保留。

　　Maya 2022软件的摄影机中所包含的参数命令与现实当中使用的摄影机参数非常相似，如焦距、光圈、快门、曝光等，如果用户是一个摄影爱好者，那么学习本章的内容将会得心应手。跟其他章的内容来比较，摄影机的参数则相对较少，但是却并不意味着每个人都可以轻松地掌握摄影机技术，学习摄影机技术就像平时拍照一样，最好还要额外学习一些有关画面构图方面的知识以有助于自己将作品中较好的一面展示出来，如图5-1和图5-2所示为日常生活中拍摄的一些画面。

图5-1

图5-2

5.2　摄影机工具

　　Maya软件在默认状态下为用户的场景提供了4台摄影机，通过新建场景文件，然后打开"大纲视图"面板，就可以看到这些隐藏的摄影机，这些摄影机分别用来控制透视视图、顶视图、前视图和侧视图。场景中各个视图之间的切换，实际上就是在这些摄影机视图里完成的，如图5-3所示。

图5-3

　　通常在进行项目制作时，都要重新创建一个摄影机来固定拍摄角度或者制作摄影机动画，执行菜单栏"创建"|"摄影机"命令，可以看到Maya为用户提供的多种类型摄影机，如图5-4所示。在这几种摄影机工具中，当属第一种"摄影机"工具最为常用，也可以在"渲染"工具架中找到该工具图标，如图5-5所示。

图5-4　　　　　　　　图5-5

5.2.1　基础操作：在场景中创建摄影机

【知识点】创建摄影机的方式，切换摄影机视图，锁定摄影机，分辨率门，调整摄影机常用参数。

01 启动中文版Maya 2022软件，单击"多边形建模"工具架上的"多边形平面"图标，如图5-6所示。

图5-6

02 在场景中创建一个平面模型，如图5-7所示。

图5-7

03 单击"多边形建模"工具架上的"多边形圆锥体"图标，如图5-8所示。

图5-8

04 在场景中创建一个圆锥体模型，如图5-9所示。

图5-9

05 单击"渲染"工具架上的"创建摄影机"图标，如图5-10所示，在场景中创建一个摄影机，如图5-11所示。

图5-10

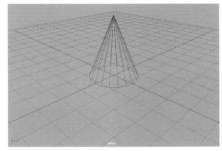

图5-11

06 执行菜单栏"面板"|"透视"|camera1命令，如图5-12所示，即可将当前视图切换至"摄影机视图"，如图5-13所示。

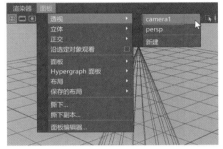

图5-12

图5-13

07 在"摄影机视图"中，调整摄影机的观察角度至如图5-14所示。

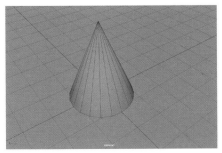

图5-14

08 在"通道盒/层编辑器"面板中,选择如图5-15所示的参数,右击并执行"锁定选定项"命令,如图5-16所示,即可将所选择的参数进行锁定。操作完成后,观察这些被锁定的参数,可以看到每个参数后面都会出现一个蓝灰色的方形标记,如图5-17所示。这样,场景中摄影机的位置就固定好了,可以避免误操作不小心更改了摄影机的机位。

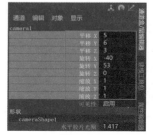
图5-15

图5-16

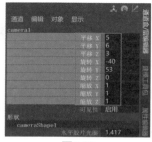
图5-17

09 单击"分辨率门"按钮,如图5-18所示,可以在"摄影机视图"中显示出将要渲染的区域,如图5-19所示。

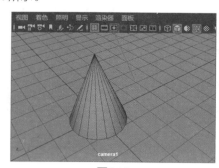
图5-18

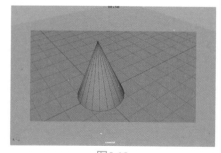
图5-19

10 在"摄影机属性"卷展栏中,还可以通过更改"视角"值或"焦距"值来微调摄影机的画面,如图5-20所示。如图5-21和图5-22所示分别为"视角"值是60和45的"摄影机视图"显示结果。需要注意的是,"视角"值与其下方的"焦距"值是关联关系,这2个参数调整任何一个都会改变另一个的数值。

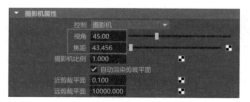
图5-20

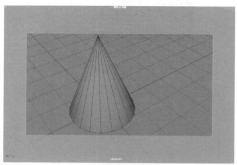
图5-21

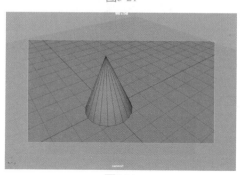
图5-22

11 通过更改"摄影机属性"卷展栏内的"近剪裁平面"和"远剪裁平面"的值则可以控制"摄影机视图"中哪些位置处的画面可以保留,如图5-23所示。位于这2个参数值以外的地方将不会被渲染。如图5-24所示为"近剪裁平面"值设置为7和"远剪裁平面"值设置为10的"摄影机视图"显示结果。

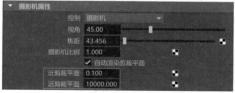
图5-23

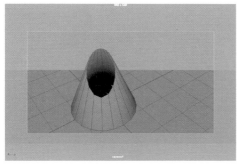

图5-24

12 在"视锥显示控件"卷展栏中，分别勾选"显示近剪裁平面""显示远剪裁平面"和"显示视锥"选项，如图5-25所示，可以在场景中显示出摄影机的近剪裁平面、远剪裁平面和视锥，如图5-26所示。

图5-25

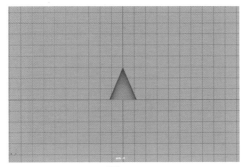

图5-26

5.2.2 实例：制作景深效果

本实例将学习如何在场景中创建摄影机，并渲染出景深效果。设置了景深效果的前后对比如图5-27和图5-28所示。

图5-27

图5-28

01 启动中文版Maya 2022软件，打开本书配套资源文件"蘑菇.mb"，场景中是一组蘑菇的模型，并已经设置完成材质和灯光，如图5-29所示。

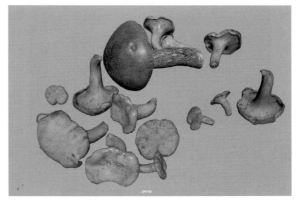

图 5-29

02 单击"渲染"工具架中的"创建摄影机"图标，如图5-30所示，即可在场景中创建一个摄影机。

图5-30

03 在"通道盒/层编辑器"面板中，设置摄影机的参数如图5-31所示。

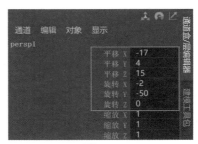

图5-31

04 设置完成后，摄影机在场景中的位置如图5-32所示。

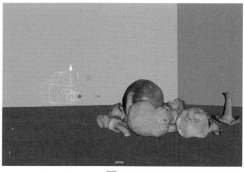

图5-32

05 执行菜单栏"面板"|"透视"camera1命令，即可将操作视图切换至"摄影机视图"，如图5-33所示。

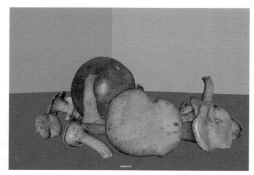

图5-33

06 单击Arnold工具架上的Render图标，如图5-34所示。渲染场景，渲染结果如图5-35所示。

图5-34

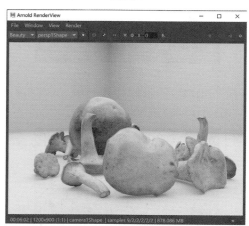

图5-35

07 执行菜单栏"创建"|"测量工具"|"距离工具"命令。在"顶视图"中，测量出摄影机和场景中距离摄影机较近的蘑菇模型的距离值，如图5-36所示。

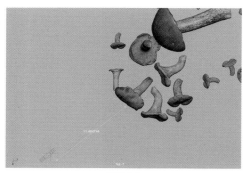

图5-36

08 选择场景中的摄影机，在"属性编辑器"面板中，展开Arnold卷展栏，勾选Enable DOF选项，开启景深计算。设置Focus Distance的值为11，该值即步骤07里所测量出来的值。设置Aperture Size的值为0.2，如图5-37所示。

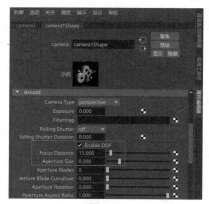

图5-37

09 设置完成后，渲染摄影机视图，渲染结果如图5-38所示。

图5-38

10 在"属性编辑器"面板中，设置Aperture Size的值为1，如图5-39所示。

11 再次渲染场景，可以发现景深的效果更加明显，如图5-40所示。

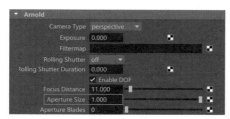

图5-39

图5-40

5.2.3 实例：制作运动模糊效果

本实例将讲解如何在Maya软件中制作出运动模糊效果。实例设置了运动模糊效果的前后对比，如图5-41和图5-42所示。

图5-41

图5-42

01 启动中文版Maya 2022软件，打开本书配套资源文件"风力发电机.mb"，场景中有一架风力发电机的简易模型，并已经设置完成材质、灯光和扇叶的旋转动画，如图5-43所示。

图5-43

02 单击"渲染"工具架中的"创建摄影机"图标，如图5-44所示，即可在场景中创建一个摄影机。

图5-44

03 在"通道盒/层编辑器"面板中，设置摄影机的参数如图5-45所示。

图5-45

04 将视图切换至"摄影机视图"，摄影机的拍摄角度如图5-46所示。

图5-46

05 单击Arnold工具架上的Render图标，如图5-47所示。渲染场景，渲染结果如图5-48所示。

图5-47

图5-48

06 单击软件界面右上角位置处的"显示渲染设置"按钮，如图5-49所示。在弹出的"渲染设置"面板中，展开Motion Blur卷展栏，勾选Enable选项，开启运动模糊效果计算，如图5-50所示。

图5-49

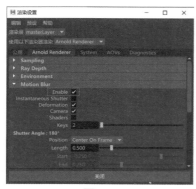

图5-50

07 渲染场景，渲染结果如图5-51所示，在渲染结果上已经可以看到风力发电器的扇叶旋转所产生的运动模糊效果。

图5-51

08 设置Length的值为5，增加运动模糊的计算效果，如图5-52所示。再次渲染场景，渲染结果如图5-53所示，这一次可以看到更加明显的运动模糊效果。

图5-52

图5-53

09 选择摄影机，在"属性编辑器"面板中，展开Arnold卷展栏，设置Rolling Shutter的选项为top，如图5-54所示。

图5-54

10 渲染场景，可以看到螺旋桨因为旋转动画和运动模糊计算而产生的形变效果，如图5-55所示。

图5-55

11 设置Rolling Shutter Duration的值为0.5，如图5-56所示。

图5-56

12 渲染场景，可以看到产生了运动形变之后的运动模糊效果，如图5-57所示。

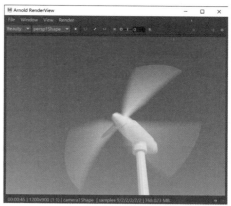

图5-57

第 6 章
材质与纹理

6.1 材质概述

　　材质技术在三维软件中可以真实地反映出物体的颜色、纹理、透明、光泽以及凹凸质感，使得三维作品看起来显得生动、活泼。如图6-1和图6-2所示分别为在三维软件中使用材质相关命令所制作出来的各种不同物体的质感表现。

图6-1

图6-2

6.2 Hypershade 面板

　　Maya为用户提供了一个用于方便管理场景里所有材质球的工作界面——Hypershade面板。如果Maya用户还对3ds Max有一点了解，就可以把Hypershade面板理解为3ds Max软件里的材质编辑器。Hypershade面板由多个不同功能的选项卡组合而成，包括"浏览器"选项卡、"材质查看器"选项卡、"创建"选项卡、

"存储箱"选项卡、"工作区"选项卡及"特性编辑器"选项卡，如图6-3所示。不过在项目的制作中，很少去打开Hypershade面板，因为在Maya软件中，调整物体的材质只需要在"属性编辑器"面板中调试即可。

图6-3

6.2.1 基础操作：Hypershade 面板基本使用方法

【知识点】为对象添加材质，Hypershade面板基本使用方法。

01 启动中文版Maya 2022软件，打开本书配套资源文件"水晶.mb"，场景中有一组水晶的模型，并已经设置完成灯光及摄影机，如图6-4所示。

图6-4

02 渲染场景，渲染结果如图6-5所示。

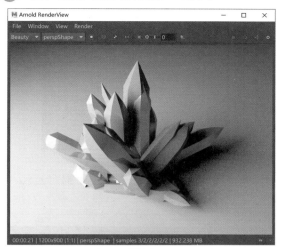

图6-5

03 选择场景中的水晶模型，单击"渲染"工具架上的"编辑材质属性"图标，如图6-6所示。这时，"属性编辑器"面板中可以快速显示出该模型的材质相关参数，如图6-7所示。

图6-6

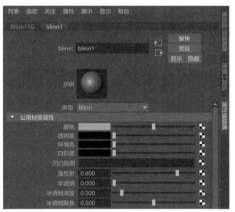

图6-7

04 将"公用材质属性"卷展栏内的"颜色"设置为红色，如图6-8所示。观察场景，可以看到水晶面模型的颜色也会发生相应的改变，如图6-9所示。

图6-8

图6-9

05 选择如图6-10所示的面，单击"渲染"工具架上的"Blinn材质"图标，如图6-11所示，则可以为所选择的面添加一个新的材质，如图6-12所示。

图6-10

图6-11

图6-12

06 单击软件界面右上角的"显示Hypershade窗口"按钮，如图6-13所示，可以显示Hypershade窗口。

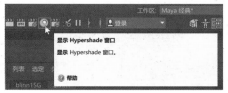

图6-13

07 在Hypershade面板中的"浏览器"选项卡中，可以看到水晶模型所使用的2个材质球，如图6-14所示。单击对应的材质球，也可以在"属性编辑器"面板中快速显示出该材质球的相关参数。

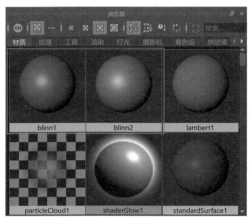

图6-14

08 需要注意的是，在Hypershade面板中的"特性编辑器"选项卡中所显示的参数为英文显示，如图6-15所示。

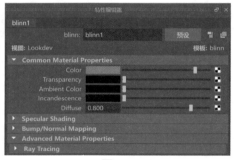

图6-15

09 选择场景中的水晶模型，将光标移动至Hypershade面板中"浏览器"选项卡内的standardSurface2材质球上，右击，在弹出的快捷菜单中选择"为当前选择指定材质"命令，如图6-16所示，即可将名称为standardSurface2的材质赋予所选择的水晶模型。

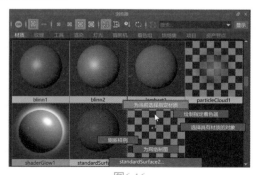

图6-16

10 执行菜单栏"编辑"|"删除未使用节点"命令，如图6-17所示，可以将场景中未使用的材质节点全部删除。

图6-17

11 设置完成后，渲染场景，渲染结果如图6-18所示。

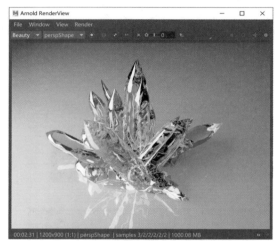

图6-18

6.2.2 基础操作：使用"材质查看器"来预览材质

【知识点】材质查看器。

01 启动中文版Maya 2022软件，打开本书配套资源文件"茶壶.mb"，场景中有一个茶壶的模型，并已经设置完成灯光及摄影机，如图6-19所示。

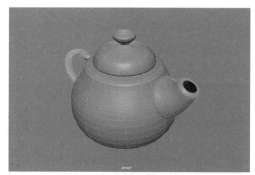

图6-19

02 渲染场景，渲染结果如图6-20所示。

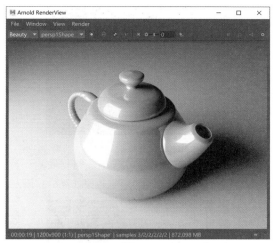

图6-20

03 选择场景中的茶壶模型，单击"渲染"工具架上的"标准曲面材质"图标，如图6-21所示。

图6-21

04 在"基础"卷展栏中，设置"颜色"为黄色，"金属度"值为1。在"镜面反射"卷展栏中，设置"粗糙度"值为0.3，如图6-22所示。其中，颜色的参数设置如图6-23所示。

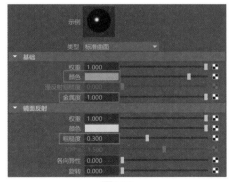

图6-22

图6-23

05 单击软件界面右上角的"显示Hypershade窗口"按钮，在弹出的Hypershade面板中观察材质的预览效果，如图6-24所示。

图6-24

06 在"材质查看器"选项卡中，将材质的显示形态分别设置为"布料""茶壶""海洋""海洋飞溅""玻璃填充""玻璃飞溅""头发""球体"和"平面"，材质的预览效果如图6-25～图6-33所示。

图6-25

图6-26

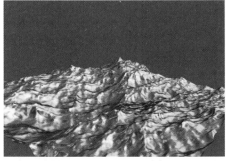

图6-27

图6-28

图6-29

图6-30

图6-31

图6-32

图6-33

07 在"材质查看器"选项卡中，将材质的计算方式更改为Arnold，则材质的预览效果如图6-34所示。

图6-34

6.3 材质类型

Maya为用户提供了多个常见的、不同类型的材质球图标，这些图标被整合到了"渲染"工具架中，非常方便用户使用，如图6-35所示。

图6-35

工具解析

- 编辑材质属性：显示着色组属性编辑器。
- 标准曲面材质：将新的标准曲面材质指定给活动对象。
- 各项异性材质：将新的各项异性材质指定给活动对象。
- Blinn材质：将新的Blinn材质指定给活动对象。
- Lambert材质：将新的Lambert材质指定给活动对象。
- Phong材质：将新的Phong材质指定给活动对象。
- Phong E材质：将新的Phong E材质指定给活动对象。

- 分层材质：将新的分层材质指定给活动对象。
- 渐变材质：将新的渐变材质指定给活动对象。
- 着色贴图：将新的着色贴图指定给活动对象。
- 表面材质：将新的表面材质指定给活动对象。
- 使用背景材质：将新的使用背景材质指定给活动对象。

6.3.1　基础操作：标准曲面材质常用参数

【知识点】标准曲面材质常用参数。

01 启动中文版Maya 2022软件，打开本书配套资源文件"茶壶.mb"，场景中有一个茶壶的模型，并已经设置完成灯光及摄影机，如图6-36所示。

02 选择场景中的茶壶模型，单击"渲染"工具架上的"标准曲面材质"图标，如图6-37所示。

图6-36　　　　　　图6-37

03 在"基础"卷展栏中，设置"颜色"为橙色，如图6-38所示。其中，颜色的参数设置如图6-39所示。

图6-38

图6-39

04 在"基础"卷展栏中，设置"金属度"值为1，如图6-40所示。渲染场景，如图6-41所示分别为"金属度"值是0和1的渲染结果对比。

图6-40

图6-41

05 在"镜面反射"卷展栏中，设置"粗糙度"值为0.1，如图6-42所示。渲染场景，如图6-43所示分别为"粗糙度"值是0.4和0.1的渲染结果对比。

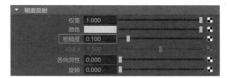

图6-42

图6-43

06 在"基础"卷展栏中，设置"金属度"值为0。在"透射"卷展栏中，设置"权重"值为1。在"镜面反射"卷展栏中，设置IOR的值为2.5，如图6-44所示。渲染场景，如图6-45所示分别为IOR值是1.5和2.5的渲染结果对比。

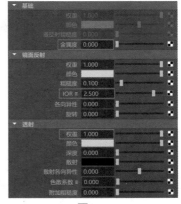

图6-44

图6-45

07 在"透射"卷展栏中，任意更改"颜色"后，渲染场景，会得到不同颜色的玻璃质感，如图6-46所示为"颜色"分别调整为黄色和绿色的渲染结果对比。

图6-46

08 在"透射"卷展栏中，设置"权重"值为0。展开"涂层"卷展栏，设置"权重"值为1，设置"颜色"为红色，如图6-47所示。其中，"颜色"的参数设置如图6-48所示。

图6-47　　　　　图6-48

09 设置完成后，渲染场景，添加了涂层属性前后的渲染结果对比如图6-49所示。

图6-49

10 将"涂层"卷展栏中的"权重"值设置为0，展开"光彩"卷展栏，设置"权重"值为1，如图6-50所示。

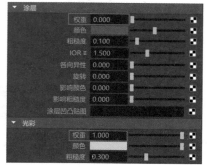

图6-50

11 设置完成后，渲染场景，添加了光彩属性前后

的渲染结果对比如图6-51所示。

图6-51

12 将"光彩"卷展栏中的"权重"值设置为0，展开"自发光"卷展栏，设置"权重"值为1，如图6-52所示。再次渲染场景，添加了自发光属性前后的渲染结果对比如图6-53所示。

图6-52

图6-53

6.3.2　实例：制作玻璃材质

本实例主要讲解如何使用标准曲面材质来制作玻璃材质，最终渲染效果如图6-54所示。

图6-54

01 启动中文版Maya 2022软件，打开本书配套资源"玻璃材质场景.mb"文件，本场景为一个简单的室内环境模型，里面主要包含了一组酒具模型，并已经设置完成灯光及摄影机，如图6-55所示。

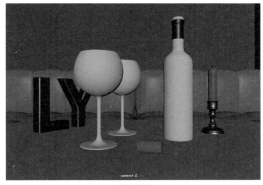

图6-55

02 选择酒杯模型，如图6-56所示。单击"渲染"工具架的"标准曲面材质"图标，如图6-57所示，为所选择的模型添加标准曲面材质。

图6-56

图6-57

03 在"镜面反射"卷展栏中，设置"粗糙度"值为0.05，如图6-58所示。

图6-58

04 在"透射"卷展栏中，设置"权重"值为1，如图6-59所示。

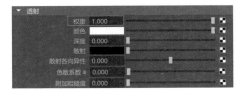

图6-59

05 设置完成后，酒杯材质在"材质查看器"中的显示效果如图6-60所示。

图6-60

06 选择酒瓶模型，如图6-61所示。单击"渲染"工具架的"标准曲面材质"图标，为所选择的模型添加标准曲面材质。

图6-61

07 在"镜面反射"卷展栏中，设置"粗糙度"值为0.1，如图6-62所示。

图6-62

08 在"透射"卷展栏中，设置"权重"值为1，设置"颜色"为绿色，如图6-63所示。其中，颜色的参数设置如图6-64所示。

图6-63

图6-64

09 设置完成后，酒瓶材质在"材质查看器"中的显示效果如图6-65所示。

图6-65

10 渲染场景，本实例中酒杯模型和酒瓶模型的玻璃材质渲染结果如图6-66所示。

图6-66

6.3.3 实例：制作金属材质

本实例主要讲解如何使用标准曲面材质来调制金属材质效果，最终渲染效果如图6-67所示。

图6-67

01 启动中文版Maya 2022软件，打开本书配套资源"金属材质场景.mb"文件，本场景为一个简单的室内环境模型，桌上放置了一个保温饭盒的模型，并已经设置完成灯光及摄影机，如图6-68所示。

图6-68

02 选择饭盒模型，如图6-69所示。单击"渲染"工具架的"标准曲面材质"图标，如图6-70所示，为所选择的模型添加标准曲面材质。

图6-69

图6-70

03 在"基础"卷展栏中，设置"颜色"为暗金色，设置"金属度"值为1，如图6-71所示。其中，颜色的参数设置如图6-72所示。

图6-71

图6-72

04 设置完成后，饭盒模型的金属材质在"材质查看器"中的显示效果如图6-73所示。

图6-73

05 选择盖子和勺子模型，如图6-74所示。单击"渲染"工具架的"标准曲面材质"图标，为所选择的模型添加标准曲面材质。

图6-74

06 在"基础"卷展栏中，设置"金属度"值为1。在"镜面反射"卷展栏中，设置"粗糙度"值为0.1，如图6-75所示。

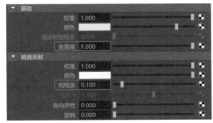

图6-75

07 设置完成后，饭盒盖子和勺子模型的金属材质在"材质查看器"中的显示效果如图6-76所示。

图6-76

08 渲染场景，本实例中饭盒模型和勺子模型的金属材质渲染结果如图6-77所示。

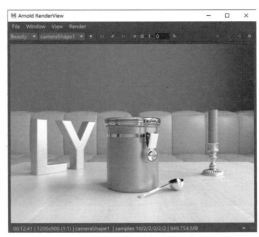

图6-77

6.3.4　实例：制作玉石材质

本实例主要讲解如何使用标准曲面材质来调制玉石材质效果，最终渲染效果如图6-78所示。

图6-78

01 启动中文版Maya 2022软件，打开本书配套资源"玉石材质场景.mb"文件，本场景为一个简单的室内环境模型，桌上放置了一个小鹿形状的雕塑模型，并已经设置完成灯光及摄影机，如图6-79所示。

图6-79

02 选择鹿形雕塑模型，如图6-80所示。单击"渲染"工具架的"标准曲面材质"图标，如图6-81所示，为所选择的模型添加标准曲面材质。

图6-80

图6-81

03 展开"基础"卷展栏，设置玉石材质的"颜色"为绿色，如图6-82所示。其中，颜色的参数设置如图6-83所示。

图6-82

图6-83

04 展开"镜面反射"卷展栏，设置"粗糙度"的值为0.1，提高玉石材质的反射程度，如图6-84所示。

图6-84

05 展开"次表面"卷展栏，设置"权重"的值为1，"颜色"为绿色，如图6-85所示。其中，颜色的参数设置如图6-86所示。

图6-85

图6-86

06 设置完成后，鹿形雕塑的玉石材质在"材质查看器"中的显示效果如图6-87所示。

图6-87

07 渲染场景，本实例中鹿形雕塑的玉石材质渲染结果如图6-88所示。

图6-88

6.3.5 实例：制作陶瓷材质

本实例主要讲解如何使用标准曲面材质来调制陶瓷材质效果，最终渲染效果如图6-89所示。

图6-89

01 启动中文版Maya 2022软件，打开本书配套资源"陶瓷材质场景.mb"文件，本场景为一个简单的室内环境模型，桌上放置了一组杯子模型，并已经设置完成灯光及摄影机，如图6-90所示。

图6-90

02 选择杯子模型，如图6-91所示。单击"渲染"工具架的"标准曲面材质"图标，如图6-92所示，为所选择的模型添加标准曲面材质。

图6-91

图6-92

03 在"基础"卷展栏中，设置"颜色"为红色，如图6-93所示。其中，颜色的参数设置如图6-94所示。

图6-93

图6-94

04 在"镜面反射"卷展栏中，设置"粗糙度"值为0.05，如图6-95所示。

图6-95

05 设置完成后，杯子模型的陶瓷材质在"材质查看器"中的显示效果如图6-96所示。

图6-96

06 选择如图6-97所示的面，单击"渲染"工具架的"标准曲面材质"图标，为所选择的面添加标准曲面材质。

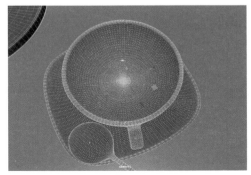

图6-97

07 在"镜面反射"卷展栏中，设置"粗糙度"值为0.05，如图6-98所示。

图6-98

08 设置完成后，杯子模型内部的陶瓷材质在"材质查看器"中的显示效果如图6-99所示。

图6-99

09 渲染场景，本实例中杯子模型的陶瓷材质渲染结果如图6-100所示。

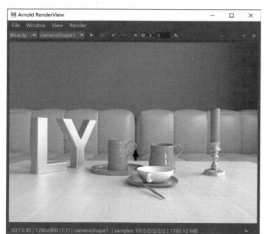

图6-100

6.4 纹理与UV

使用贴图纹理的效果要比仅仅使用单一颜色能更加直观地表现出物体的真实质感。添加了纹理，可以使得物体的表面看起来更加细腻、逼真，配合材质的反射、折射、凹凸等属性，可以使得渲染出来的场景更加真实和自然。纹理与UV密不可分，当用户为材质添加贴图纹理时，如何让贴图纹理能够正确地覆盖在模型表面，这时则需要为模型添加UV二维贴图坐标。例如选择一张树叶的贴图指定给叶片模型时，Maya软件并不能自动确定树叶的贴图是以什么样的方向平铺到叶片模型上，那么，这就需要使用UV来控制贴图的方向以得到正确的贴图效果，如图6-101所示。

图6-101

虽然Maya在默认情况下会为许多基本多边形模型自动创建UV，但是在大多数情况下，还是需要重新为物体指定UV。根据模型形状的不同，Maya为用户提供了平面映射、圆柱形映射、球形映射和自动映射这几种现成的UV贴图方式，在"多边形建模"工具架上就可以找到这些工具的图标，如图6-102所示。如果模型的贴图过于复杂，那么只能使用"UV编辑器"面板来对贴图的UV进行精细调整。

图6-102

工具解析

- ■平面映射：使用平面投影形状为选定对象创建UV贴图坐标。
- ■圆柱形映射：使用圆柱形投影形状为选定对象创建UV贴图坐标。
- ■球形映射：使用球形投影形状为选定对象创建UV贴图坐标。
- ■自动映射：用户可以自定义使用几个平面投影形状为选定对象创建UV贴图坐标。
- ■轮廓拉伸：根据选定面轮廓来创建UV贴图坐标。
- ■UV编辑器：单击可打开"UV编辑器"面板。
- ■3D UV抓取工具：用来抓取3D视口中的UV坐标。
- ■3D切割和缝合UV工具：直接在模型上以交互的方式来编辑UV坐标。

6.4.1 实例：制作线框材质

本实例主要讲解如何制作线框材质，最终渲染效果如图6-103所示。

图6-103

01 启动中文版Maya 2022软件，打开本书配套资源"线框材质场景.mb"文件，本场景为一个简单的室内环境模型，桌上放置了一只玩具鸭子模型，并已经设置完成灯光及摄影机，如图6-104所示。

图6-104

02 在场景中选择玩具鸭子的身体部分模型，如图6-105所示。

图6-105

03 单击"渲染"工具架的"标准曲面材质"图标，如图6-106所示，为所选择的模型添加标准曲面材质。

图6-106

04 展开"基础"卷展栏，单击"颜色"参数后面的方形按钮，如图6-107所示。

图6-107

05 在弹出的"创建渲染节点"面板中选择aiWireframe贴图，如图6-108所示。需要注意的是该贴图内的参数都是英文显示。

图6-108

06 在Wireframe Attributes卷展栏中，设置Edge Type的选项为polygons，设置Fill Color为黄色，如图6-109所示。其中Fill Color的颜色参数设置如图6-110所示。

图6-109

图6-110

07 设置完成后，玩具鸭子身体部分模型的线框材质在"材质查看器"中的显示效果如图6-111所示。

图6-111

08 在场景中选择玩具鸭子嘴部分模型，如图6-112所示。

图6-112

09 以同样的操作步骤为其制作线框材质。设置Fill Color为橙色，如图6-113所示。其中Fill Color的颜色参数设置如图6-114所示。

图6-113

图6-114

10 设置完成后，玩具鸭子嘴部分模型的线框材质在"材质查看器"中的显示效果如图6-115所示。

图6-115

11 渲染场景，本实例中玩具鸭子的线框材质渲染结果如图6-116所示。

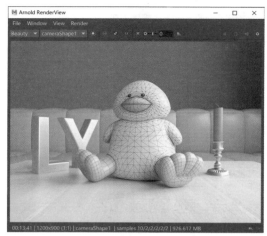

图6-116

6.4.2 实例：制作渐变色材质

本实例主要讲解如何使用标准曲面材质来制作渐变色的金属材质，最终渲染效果如图6-117所示。

图6-117

01 启动中文版Maya 2022软件，打开本书配套资源"渐变色材质场景.mb"文件，本场景为一个简单的室内环境模型，桌上放置了一个水壶和杯子的模型，并已经设置完成灯光及摄影机，如图6-118所示。

图6-118

02 选择场景中的水壶和杯子模型，如图6-119所示，单击"渲染"工具架的"标准曲面材质"图标，如图6-120所示，为所选择的模型添加标准曲面材质。

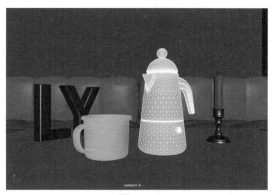

图6-119

图6-120

03 展开"基础"卷展栏，单击"颜色"参数后面的方形按钮，如图6-121所示。

图6-121

04 在弹出的"创建渲染节点"面板中选择"渐变"贴图，如图6-122所示。

图6-122

05 在"渐变属性"卷展栏中，设置渐变的颜色如图6-123所示。其中，绿色的参数设置如图6-124所示，蓝色的参数设置如图6-125所示。

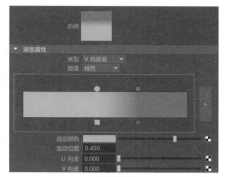

图6-123

图6-124

图6-125

06 设置完成后，渐变色金属材质在"材质查看器"中的显示效果如图6-126所示。

图6-126

07 选择场景中的水壶模型，单击"多边形建模"工具架中的"平面映射"图标，如图6-127所示。添加完成后可以看到水壶模型上的平面映射UV坐标，如图6-128所示。

图6-127

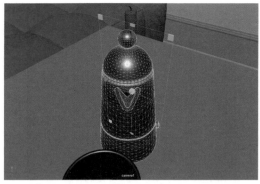

图6-128

08 选择杯子模型，以同样的方式为其添加平面映射UV坐标，如图6-129所示。

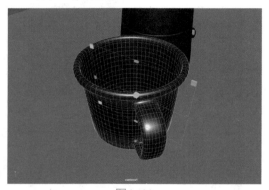

图6-129

09 设置完成后，渲染场景，本实例中渐变色金属材质渲染结果如图6-130所示。

图6-130

6.4.3 实例：使用"平面映射"工具为图书设置贴图坐标

本实例主要讲解如何使用"平面映射"工具为书本模型指定贴图UV坐标，最终完成效果如图6-131所示。

图6-131

01 启动中文版Maya 2022软件，单击"多边形建模"工具架上的"多边形立方体"图标，如图6-132所示。在场景中绘制一个多边形长方体模型。

图6-132

02 在"属性编辑器"面板中，展开"多边形立方体历史"卷展栏，设置长方体的"宽度"值为18，"高度"值为1.2，"深度"值为13，如图6-133所示。设置完成后，长方体模型的显示结果如图6-134所示。

图6-133

图6-134

03 选择长方体模型，单击"渲染"工具架上的"标准曲面材质"图标，为当前选择指定标准曲面材质，如图6-135所示。

图6-135

04 展开"基础"卷展栏，单击"颜色"参数后面的方形按钮，如图6-136所示。

图6-136

05 在弹出的"创建渲染节点"面板中选择"文件"贴图，如图6-137所示。

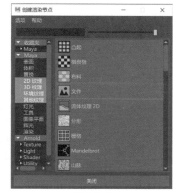

图6-137

06 展开"文件属性"卷展栏，在"图像名称"通道上加载一张"book-a.jpg"贴图文件，如图6-138所示。

图6-138

07 设置完成后，单击"带纹理"按钮，在视图中观察图书的默认贴图效果，如图6-139所示。

图6-139

08 选择如图6-140所示的面，单击"多边形建模"工具架中的"平面映射"图标，如图6-141所示。为所选择的平面添加一个平面映射，如图6-142所示。

图6-140

图6-141

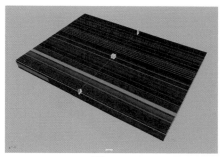

图6-142

09 展开"投影属性"卷展栏，设置"投影高度"的值为13，如图6-143所示。

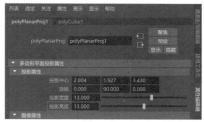

图6-143

10 在视图中单击"平面映射"左下角的十字标记，将平面映射的控制柄切换至旋转控制柄，如图6-144所示。

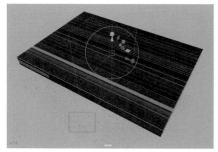

图6-144

11 再次单击图6-144中出现的圆圈，则可以显示出旋转的坐标轴，如图6-145所示。

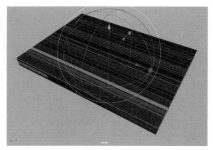

图6-145

12 将平面映射的旋转方向调至水平后，再次单击十字标记，将平面映射的控制柄切换回位移控制柄，仔细调整平面映射的大小至如图6-146所示，得到正确的图书封皮贴图坐标效果。

图6-146

13 重复以上操作，完成图书封底以及书脊的贴图效果，如图6-147所示。

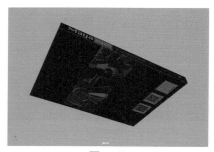

图6-147

14 选择书页部分的面，单击"渲染"工具架上的"标准曲面材质"图标，为当前选择再次指定标准曲面材质，如图6-148所示。

图6-148

15 本实例的最终贴图结果如图6-149所示。

图6-149

6.4.4 实例：使用"UV 编辑器"为图书设置贴图坐标

本实例主要讲解使用另外一种方法——"UV编辑器"来为图书模型指定贴图UV坐标，最终渲染效果如图6-150所示。

图6-150

01 启动中文版Maya 2022软件，单击"多边形建模"工具架上的"多边形立方体"图标，如图6-151所示。

图6-151

02 在场景中绘制一个多边形长方体模型作为本实例的图书模型，并在"属性编辑器"面板中设置长方体的"宽度"值为18，"高度"值为1.2，"深度"值为13，设置完成后，长方体模型的视图显示结果如图6-152所示。

图6-152

03 选择图书模型，单击"渲染"工具架上的"标准曲面材质"图标，如图6-153所示。为当前选择指定标准曲面材质。

图6-153

04 在"基础"卷展栏内为"颜色"属性设置"book-b.jpg"贴图文件，设置完成后，图书模型的视图显示结果如图6-154所示。

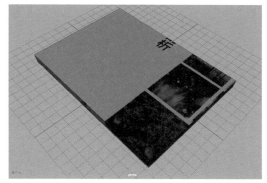

图6-154

05 选择图书模型，单击"多边形工具架"的"UV编辑器"图标，如图6-155所示。系统会自动弹出"UV编辑器"和"UV工具包"面板，如图6-156所示。

图6-155

图6-156

06 在"UV工具包"面板内，展开"切割和缝合"卷展栏，单击"切割工具"按钮，如图6-157所示。在"UV编辑器"面板中，将模型每个面之间的连接断开，如图6-158所示。

图6-157

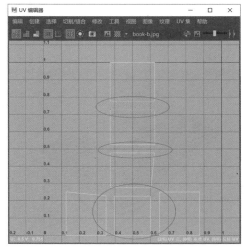

图6-158

07 在"UV工具包"面板中，单击"UV选择"按钮，如图6-159所示。在"UV编辑器"面板中调整封皮的贴图坐标至如图6-160所示。

图6-159

图6-160

08 调整完成后，观察场景，图书封皮的贴图效果如图6-161所示。

图6-161

09 以同样的操作步骤分别设置完成图书其他面的贴图坐标，如图6-162所示。

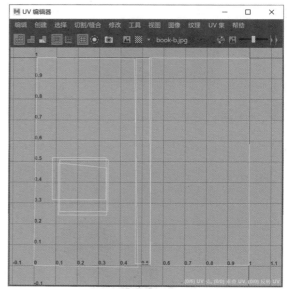

图6-162

10 选择如图6-163所示的两条边线，单击"缝合"按钮，如图6-164所示，将选中的两条边线进行缝合，如图6-165所示。

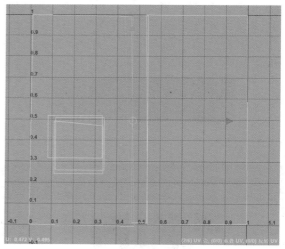

图6-163

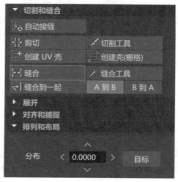

图6-164

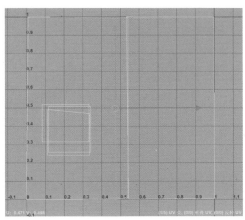

图6-165

11 以同样的操作步骤缝合书脊位置处的另外两条边线后，使用"移动"工具和"缩放"工具调整图书的UV坐标至如图6-166和图6-167所示。

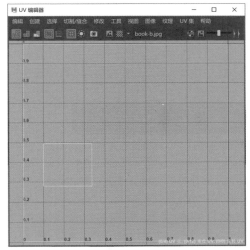

图6-166

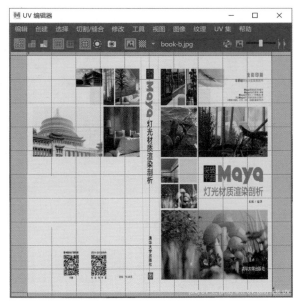

图6-167

12 设置完成后，本实例的最终贴图结果如图6-168所示。

图6-168

第 7 章

渲染与输出

7.1 渲染概述

什么是"渲染"？其英文"Render"可以翻译为"着色"，其在整个项目流程中的环节可以理解为"出图"。渲染仅仅是在所有三维项目制作完成后单击"渲染当前帧"按钮的最后一次操作吗？很显然不是。

通常人们所说的渲染指的是在"渲染设置"面板中，通过调整参数来控制最终图像的照明程度、计算时间、图像质量等综合因素，让计算机在一个在合理时间内计算出令人满意的图像，这些参数的设置就是渲染。此外，在Maya"渲染"工具架中工具图标的设置来看，该工具架不仅仅有渲染相关的工具图标，还包含灯光、摄影机和材质的工具图标，如图7-1所示，也就是在具体的项目制作中，渲染还包括灯光设置、摄影机摆放和材质制作等工作流程。

图7-1

使用Maya软件来制作三维项目时，常见的工作流程大多是按照"建模—灯光—材质—摄影机—渲染"来进行，渲染之所以放在最后，说明这一操作是计算之前流程的最终步骤，其计算过程相当复杂，所以用户需要认真学习并掌握其关键技术，如图7-2和图7-3所示为使用Maya软件制作出来的三维渲染作品。

图7-2

图7-3

7.2 Arnold Renderer 渲染器

Arnold Renderer渲染器是由Solid Angle公司所开发的一款基于物理定律所设计出来的高级跨平台渲染器，可以安装在Maya、3ds Max、Softimage、Houdini等多款三维软件中，备受众多动画公司及影视制作公司喜爱。Arnold Renderer渲染器使用先进的算法可以高效地利用计算机的硬件资源，其简洁的命令设计架构极大地简化了着色和照明设置步骤，渲染出来的图像真实可信。

Arnold Renderer渲染器是一种基于高度优化设计的光线跟踪引擎，不提供会导致出现渲染瑕疵的缓存算法，如光子贴图、最终聚集等。使用该渲染器所提供的专业材质和灯光系统渲染图像会使得最终结果具有更强的可预测性，从而大大节省了渲染师的后期图像处理步骤，缩短了项目制作的时间。如图7-4和图7-5所示为Arnold Renderer渲染器所属公司官方网站上所展示的使用该渲染器参与制作的项目案例作品。

图7-4

图7-5

打开"渲染设置"面板，可以看到中文版Maya 2022软件的默认渲染器就是Arnold Renderer渲染器，如图7-6所示。Arnold Renderer渲染器使用方便，用户只需要调试少量参数即可得到令人满意的渲染结果。

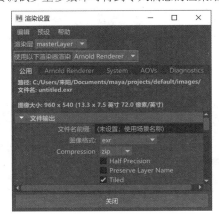

图7-6

7.3　综合实例：客厅天光表现

本实例将通过渲染一个室内客厅场景来学习Maya材质、灯光和Arnold渲染器的综合运用。实例的最终渲染效果如图7-7所示。

图7-7

打开本书的配套场景资源文件"客厅.mb"，如图7-8所示。下面首先对该场景中的常用材质进行讲解。

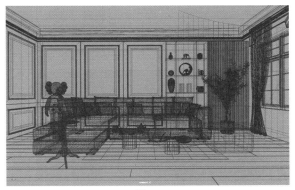

图7-8

7.3.1　制作沙发布纹材质

本实例中的沙发布纹材质渲染结果如图7-9所示，具体制作步骤如下。

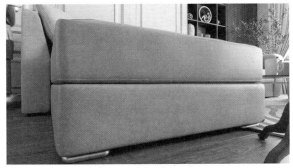

图7-9

01 在场景中选择沙发坐垫及抱枕模型,如图7-10所示。

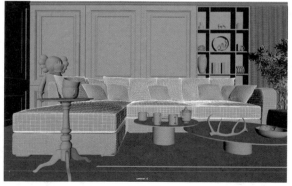

图7-10

02 单击"渲染"工具架上的"标准曲面材质"图标,为所选择的模型指定标准曲面材质,如图7-11所示。

图7-11

03 在"属性编辑器"面板中,展开"基础"卷展栏,单击"颜色"属性后面的方形按钮,如图7-12所示。

图7-12

04 在系统自动弹出的"创建渲染节点"面板中选择"文件"渲染节点,如图7-13所示。

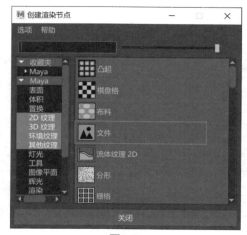

图7-13

05 在"文件属性"卷展栏中,单击"图像名称"后面的文件夹按钮,浏览并添加本书配套资源"沙发布纹.jpg"贴图文件,制作出沙发布纹材质的表面纹理,如图7-14所示。

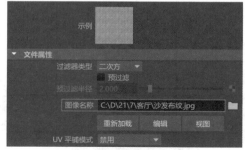

图7-14

06 在"镜面反射"卷展栏中,设置"权重"的值为1,"粗糙度"值为0.4,如图7-15所示。

图7-15

07 下面开始设置沙发布纹材质的凹凸质感。展开"基础"卷展栏,单击"颜色"属性后面的黑色三角箭头按钮,即可将"文件"渲染节点的选项卡显示出来,这样,可以看到当前渲染节点的名称为file13。将该名称记住后,展开"几何体"卷展栏,在"凹凸贴图"属性后面的文本框内输入file13,按回车键,即可将沙发布纹材质的"颜色"属性上所使用的"文件"渲染节点连接到凹凸贴图属性上,如图7-16所示。

图7-16

08 展开"2D凹凸属性"卷展栏,设置"凹凸深度"的值为0.03,如图7-17所示。

图7-17

09 制作完成后的沙发布纹材质球显示结果如图7-18所示。

图7-18

7.3.2 制作地板材质

本实例中的地板材质渲染结果如图7-19所示，具体制作步骤如下。

图7-19

01 在场景中选择地板模型，如图7-20所示。

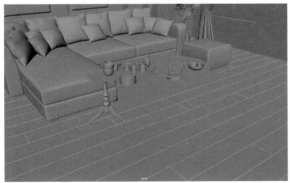

图7-20

02 单击"渲染"工具架上的"标准曲面材质"图标，为所选择的模型指定标准曲面材质，如图7-21所示。

图7-21

03 在"属性编辑器"面板中，展开"基础"卷展栏，单击"颜色"属性后面的方形按钮，如图7-22所示。

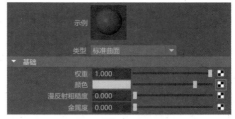

图7-22

04 在系统自动弹出的"创建渲染节点"面板中选择"文件"渲染节点，如图7-23所示。

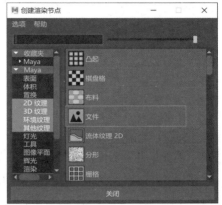

图7-23

05 在"文件属性"卷展栏中，单击"图像名称"后面的文件夹按钮，浏览并添加本书配套资源"地板纹理.jpg"贴图文件，制作出地板材质的表面纹理，如图7-24所示。

图7-24

06 在"镜面反射"卷展栏中，设置"权重"值为1，"粗糙度"值为0.4，如图7-25所示。

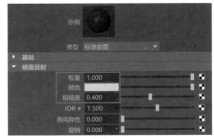

图7-25

07 制作完成后的地板材质球显示结果如图7-26所示。

图7-26

7.3.3 制作金色金属材质

本实例中的金色金属材质渲染结果如图7-27所示，具体制作步骤如下。

图7-27

01 在场景中选择架子上的人形雕塑模型，如图7-28所示，并为其指定标准曲面材质。

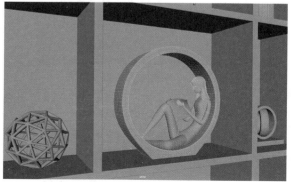

图7-28

02 在"属性编辑器"面板中，展开"基础"卷展栏，设置"颜色"为金黄色，"金属度"值为1，如图7-29所示。其中，"基础"卷展栏中的"颜色"参数设置如图7-30所示。

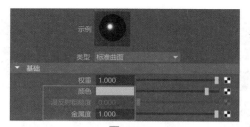

图7-29

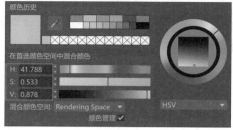

图7-30

03 制作完成后的金色金属材质球显示结果如图7-31所示。

图7-31

7.3.4 制作植物叶片材质

本实例中的植物叶片材质渲染结果如图7-32所示，具体制作步骤如下。

图7-32

01 在场景中选择植物叶片模型，如图7-33所示，并为其指定标准曲面材质。

图7-33

02 在"属性编辑器"面板中，展开"基础"卷展栏，单击"颜色"属性后面的方形按钮，如图7-34所示。

图7-34

03 在系统自动弹出的"创建渲染节点"面板中选择"文件"渲染节点，如图7-35所示。

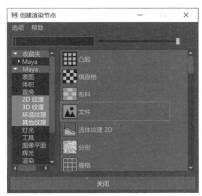
图7-35

04 在"文件属性"卷展栏中，单击"图像名称"后面的文件夹按钮，浏览并添加本书配套资源"叶子.jpg"贴图文件，制作出叶片材质的表面纹理，如图7-36所示。

图7-36

05 在"几何体"卷展栏中，单击"不透明度"属性后面的方形按钮，如图7-37所示。

图7-37

06 在系统自动弹出的"创建渲染节点"面板中选择"文件"渲染节点，如图7-38所示。

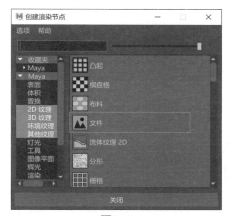
图7-38

07 在"文件属性"卷展栏中，单击"图像名称"后面的文件夹按钮，浏览并添加本书配套资源"叶子-1.jpg"贴图文件，如图7-39所示。

图7-39

08 制作完成后的植物叶片材质球显示结果如图7-40所示。

图7-40

7.3.5 制作陶瓷杯子材质

本实例中的陶瓷杯子材质渲染结果如图7-41所示，具体制作步骤如下。

图7-41

01 在场景中选择陶瓷杯子模型，如图7-42所示，并为其指定标准曲面材质。

图7-42

02 展开"基础"卷展栏，设置"颜色"为蓝色。展开"镜面反射"卷展栏，设置"粗糙度"值为0.1，如图7-43所示。其中，"基础"卷展栏中的"颜色"参数设置如图7-44所示。

03 制作完成后的陶瓷杯子材质球显示结果如图7-45所示。

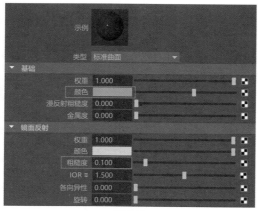

图7-43

图7-44

图7-45

7.3.6 制作茶几玻璃材质

本实例中的茶几上的玻璃桌面材质渲染结果如图7-46所示，具体制作步骤如下。

图7-46

01 在场景中选择茶几上的玻璃桌面模型，如图7-47所示，并为其指定标准曲面材质。

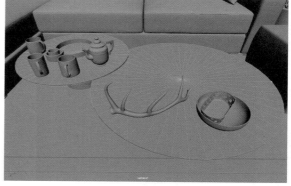

图7-47

02 展开"镜面反射"卷展栏，设置"粗糙度"值
为0.1，如图7-48所示。

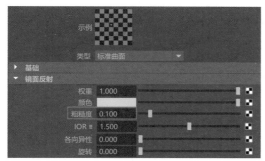

图7-48

03 展开"透射"卷展栏，设置"权重"值为1，
设置"颜色"为浅蓝色，如图7-49所示。其中，
"透射"卷展栏中的"颜色"参数设置如图7-50
所示。

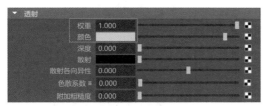

图7-49

图7-50

04 制作完成后的茶几玻璃材质球显示结果如图7-51
所示。

图7-51

7.3.7 制作窗户玻璃材质

本实例中的窗户玻璃材质渲染结果如图7-52所
示，具体制作步骤如下。

图7-52

01 在场景中选择窗户上的玻璃模型，如图7-53所
示，并为其指定标准曲面材质。

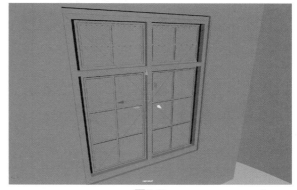

图7-53

02 展开"镜面反射"卷展栏，设置"粗糙度"值
为0，如图7-54所示。

图7-54

03 展开"透射"卷展栏，设置"权重"值为1，如
图7-55所示。

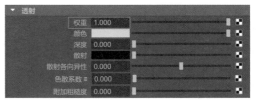

图7-55

04 制作完成后的窗户玻璃材质球显示结果如图7-56
所示。

103

图7-56

7.3.8 制作地毯材质

本实例中的地毯材质渲染结果如图7-57所示，具体制作步骤如下。

图7-57

01 在场景中选择地毯模型，如图7-58所示，并为其指定标准曲面材质。

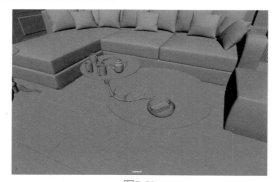

图7-58

02 在"属性编辑器"面板中，展开"基础"卷展栏，单击"颜色"属性后面的方形按钮，如图7-59所示。

03 在系统自动弹出的"创建渲染节点"面板中选择"文件"渲染节点，如图7-60所示。

04 在"文件属性"卷展栏中，单击"图像名称"后面的文件夹按钮，浏览并添加本书配套资源"地板.jpg"贴图文件，制作出地毯材质的表面纹理，如图7-61所示。

图7-59

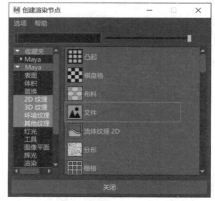

图7-60

图7-61

05 在"镜面反射"卷展栏中，设置"粗糙度"值为0.8，如图7-62所示。

图7-62

06 制作完成后的地毯材质球显示结果如图7-63所示。

图7-63

7.3.9　制作木桌材质

本实例中的木桌材质渲染结果如图7-64所示，具体制作步骤如下。

图7-64

01 在场景中选择木桌模型，如图7-65所示，并为其指定标准曲面材质。

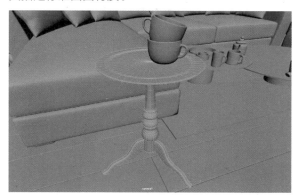

图7-65

02 在"属性编辑器"面板中，展开"基础"卷展栏，单击"颜色"属性后面的方形按钮，如图7-66所示。

03 在系统自动弹出的"创建渲染节点"面板中选择"文件"渲染节点，如图7-67所示。

04 在"文件属性"卷展栏中，单击"图像名称"后面的文件夹按钮，浏览并添加本书配套资源"木纹.jpg"贴图文件，制作出木桌材质的表面纹理，如图7-68所示。

05 制作完成后的木桌材质球显示结果如图7-69所示。

图7-66

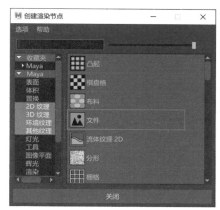

图7-67

图7-68

图7-69

7.3.10　制作窗外环境材质

本实例中的窗外环境材质渲染结果如图7-70所示，具体制作步骤如下。

图7-70

01 在场景中选择窗外环境模型，如图7-71所示，并为其指定标准曲面材质。

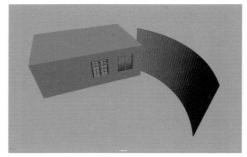

图7-71

02 在"属性编辑器"面板中，展开"基础"卷展栏，单击"颜色"属性后面的方形按钮，如图7-72所示。

图7-72

03 在系统自动弹出的"创建渲染节点"面板中选择"文件"渲染节点，如图7-73所示。

图7-73

04 在"文件属性"卷展栏中，单击"图像名称"后面的文件夹按钮，浏览并添加本书配套资源"窗外.jpg"贴图文件，如图7-74所示。

图7-74

05 在"镜面反射"卷展栏中，设置"粗糙度"值为0.9，如图7-75所示。

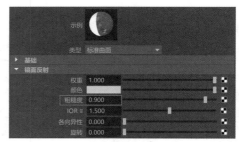

图7-75

06 在"自发光"卷展栏中，设置"权重"值为1，以同样的方式为"颜色"属性添加"文件"渲染节点，如图7-76所示。该"文件"渲染节点中使用的贴图仍然为"窗外.jpg"贴图文件。

图7-76

07 制作完成后的窗外环境材质球显示结果如图7-77所示。

图7-77

7.3.11 制作天光照明效果

接下来，开始进行场景灯光照明的步骤设置。

01 在"渲染"工具架中，单击"区域光"图标，如图7-78所示。在场景中创建一个区域灯光。

图7-78

02 按R健，使用"缩放"工具对区域灯光进行缩放，在"右视图"中调整其大小和位置至如图7-79所示，与场景中房间的窗户大小相近即可。

03 使用"移动"工具调整区域灯光的位置至如图7-80所示。将灯光放置在房间外窗户模型的位置处。

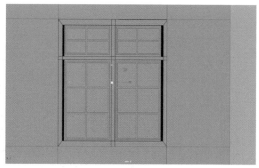

图7-79

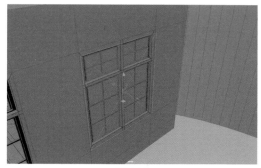

图7-80

04 在"属性编辑器"面板中，展开"区域光属性"卷展栏，设置区域光的"强度"值为300，如图7-81所示。

图7-81

05 在Arnold卷展栏中，勾选Use Color Temperature选项，设置Temperature值为7500，设置Exposure值为12，如图7-82所示。

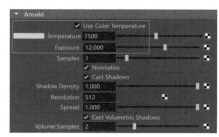

图7-82

06 观察场景中的房间模型，可以看到该房间的一侧墙上有2个窗户，所以需要将刚刚创建的区域光复制出来一个，并调整其位置至另一个窗户模型的位置处，如图7-83所示。

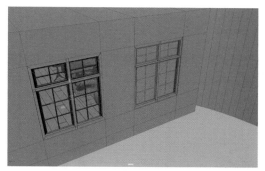

图7-83

7.3.12 渲染设置

01 打开"渲染设置"面板，在"公用"选项卡中，展开"图像大小"卷展栏，设置渲染图像的"宽度"值为2400，"高度"值为1600，如图7-84所示。

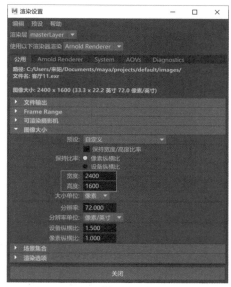

图7-84

02 在Arnold Renderer选项卡中，展开Sampling卷展栏，设置Camera（AA）的值为9，提高渲染图像的计算采样精度，如图7-85所示。

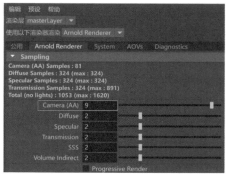

图7-85

03 设置完成后，渲染场景，渲染结果看起来稍暗一些，如图7-86所示。

图7-86

04 接下来，调整渲染图像的亮度及层次感。在Arnold RenderView（Arnold渲染窗口）右侧的Display（显示）选项卡中，设置渲染图像的Gamma值为1.2，如图7-87所示。

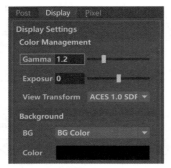

图7-87

05 本实例的最终渲染结果如图7-88所示。

图7-88

7.4 综合实例：别墅阳光表现

本实例将通过渲染一个室外建筑场景来学习Maya材质、灯光和Arnold渲染器的综合运用。实例的最终渲染效果如图7-89所示。

图7-89

打开本书的配套场景资源文件"别墅.mb"，如图7-90所示。下面首先对该场景中的常用材质进行讲解。

图7-90

7.4.1 制作砖墙材质

本实例中的砖墙材质渲染结果如图7-91所示，具体制作步骤如下。

图7-91

01 在场景中选择别墅的墙体部分模型，如图7-92所示，并为其指定标准曲面材质。

02 在"属性编辑器"面板中，展开"基础"卷展栏，单击"颜色"属性后面的方形按钮，如图7-93所示。

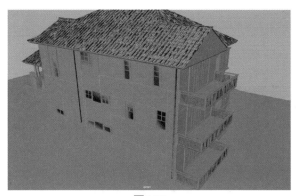

图7-92

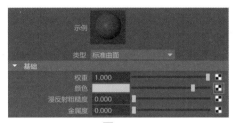

图7-93

03 在系统自动弹出的"创建渲染节点"面板中选择"文件"渲染节点，如图7-94所示。

图7-94

04 在"文件属性"卷展栏中，单击"图像名称"后面的文件夹按钮，浏览并添加本书配套资源"砖墙.jpg"贴图文件，制作出砖墙材质的表面纹理，如图7-95所示。

图7-95

05 在"镜面反射"卷展栏中，设置"粗糙度"值为0.3，如图7-96所示。

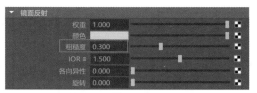

图7-96

06 展开"几何体"卷展栏，在"凹凸贴图"属性后面的文本框内输入file1，按回车键，即可将砖墙材质的"颜色"属性上所使用的"文件"渲染节点连接到凹凸贴图属性上，如图7-97所示。

图7-97

07 制作完成后的砖墙材质球显示结果如图7-98所示。

图7-98

7.4.2　制作瓦片材质

本实例中的瓦片材质渲染结果如图7-99所示，具体制作步骤如下。

图7-99

01 在场景中选择别墅屋顶位置处的瓦片部分模型，如图7-100所示，并为其指定标准曲面材质。

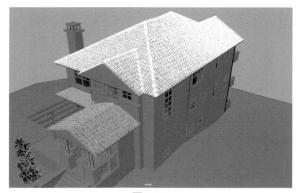

图7-100

02 展开"基础"卷展栏,设置"颜色"为蓝色。展开"镜面反射"卷展栏,设置"粗糙度"值为0.1,如图7-101所示。其中,"基础"卷展栏中的"颜色"参数设置如图7-102所示。

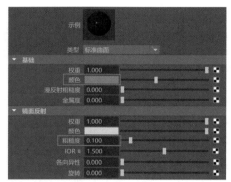

图7-101

图7-102

03 制作完成后的瓦片材质球显示结果如图7-103所示。

图7-103

7.4.3　制作栏杆材质

本实例中的栏杆材质渲染结果如图7-104所示,具体制作步骤如下。

图7-104

01 在场景中选择别墅一楼门口位置处的栏杆部分模型,如图7-105所示,并为其指定标准曲面材质。

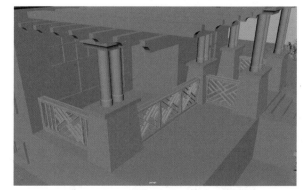

图7-105

02 在"属性编辑器"面板中,展开"基础"卷展栏,单击"颜色"属性后面的方形按钮,如图7-106所示。

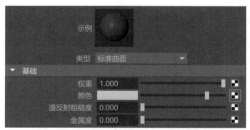

图7-106

03 在系统自动弹出的"创建渲染节点"面板中选择"文件"渲染节点,如图7-107所示。

04 在"文件属性"卷展栏中,单击"图像名称"后面的文件夹按钮,浏览并添加本书配套资源"木纹.jpg"贴图文件,制作出栏杆材质的表面纹理,如图7-108所示。

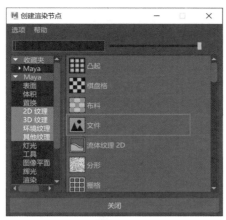

图7-107

图7-108

05 在"镜面反射"卷展栏中,设置"粗糙度"值为0.1,如图7-109所示。

图7-109

06 制作完成后的栏杆材质球显示结果如图7-110所示。

图7-110

7.4.4 制作玻璃材质

本实例中的窗户玻璃材质渲染结果如图7-111所示,具体制作步骤如下。

图7-111

01 在场景中选择别墅的窗户玻璃部分模型,如图7-112所示,并为其指定标准曲面材质。

图7-112

02 展开"镜面反射"卷展栏,设置"粗糙度"值为0,如图7-113所示。

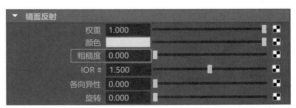

图7-113

03 展开"透射"卷展栏,设置"权重"值为1,如图7-114所示。

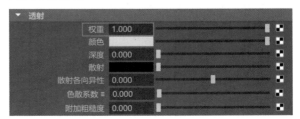

图7-114

04 制作完成后的窗户玻璃材质球显示结果如图7-115所示。

图7-115

7.4.5　制作树叶材质

本实例中的树叶材质渲染结果如图7-116所示，具体制作步骤如下。

图7-116

01　在场景中选择树叶部分模型，如图7-117所示，并为其指定标准曲面材质。

图7-117

02　在"属性编辑器"面板中，展开"基础"卷展栏，单击"颜色"属性后面的方形按钮，如图7-118所示。

03　在系统自动弹出的"创建渲染节点"面板中选择"文件"渲染节点，如图7-119所示。

图7-118

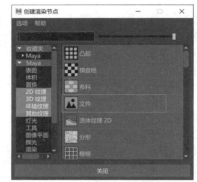

图7-119

04　在"文件属性"卷展栏中，单击"图像名称"后面的文件夹按钮，浏览并添加本书配套资源"叶片2.jpg"贴图文件，制作出树叶材质的表面纹理，如图7-120所示。

图7-120

05　在"镜面反射"卷展栏中，设置"粗糙度"值为0.5，如图7-121所示。

图7-121

06　在"文件属性"卷展栏中，单击"图像名称"后面的文件夹按钮，浏览并添加本书配套资源"叶片2透明.jpg"贴图文件，如图7-122所示。

图7-122

07 制作完成后的树叶材质球显示结果如图7-123所示。

图7-123

7.4.6　制作烟囱砖墙材质

本实例中的烟囱砖墙材质渲染结果如图7-124所示，具体制作步骤如下。

图7-124

01 在场景中选择烟囱模型，如图7-125所示，并为其指定标准曲面材质。

图7-125

02 在"属性编辑器"面板中，展开"基础"卷展栏，单击"颜色"属性后面的方形按钮，如图7-126所示。

03 在系统自动弹出的"创建渲染节点"面板中选择"文件"渲染节点，如图7-127所示。

04 在"文件属性"卷展栏中，单击"图像名称"后面的文件夹按钮，浏览并添加本书配套资源"砖墙

C.jpg"贴图文件，制作出砖墙材质的表面纹理，如图7-128所示。

图7-126

图7-127

图7-128

05 在"镜面反射"卷展栏中，设置"粗糙度"值为0.3，如图7-129所示。

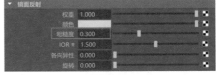

图7-129

06 制作完成后的烟囱砖墙材质球显示结果如图7-130所示。

图7-130

7.4.7 制作阳光照明效果

01 在Arnold工具架中，单击Create Physical Sky（创建物理天空）图标，如图7-131所示。在场景中创建一个Arnold渲染器的物理天空灯光，如图7-132所示。

图7-131

图7-132

02 在"属性编辑器"面板中，展开Physical Sky Attributes（物理天空属性）卷展栏，设置Elevation（高度）的值为10，设置Azimuth（方位）值为110，设置Intensity（强度）的值为3，设置Sky Tint（天空色彩）为浅蓝色，设置Sun Tint（太阳色彩）为浅黄色，如图7-133所示。其中，Sky Tint（天空色彩）的参数设置如图7-134所示，Sun Tint（太阳色彩）的参数设置如图7-135所示。

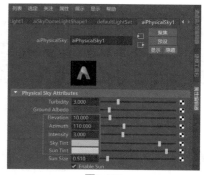

图7-133

图7-134

图7-135

7.4.8 渲染设置

01 打开"渲染设置"面板，在"公用"选项卡中，展开"图像大小"卷展栏，设置渲染图像的"宽度"值为2400，"高度"值为1600，如图7-136所示。

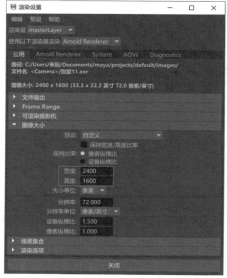

图7-136

02 在Arnold Renderer选项卡中，展开Sampling卷展栏，设置Camera（AA）的值为9，提高渲染图像的计算采样精度，如图7-137所示。

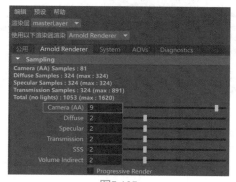

图7-137

03 设置完成后，渲染场景，渲染结果看起来较暗，如图7-138所示。

图7-138

04 接下来，调整渲染图像的亮度及层次感。在 Arnold RenderView（Arnold渲染窗口）右侧的 Display（显示）选项卡中，设置渲染图像的Gamma 值为2，Exposure值为0.5，如图7-139所示。

图7-139

05 本实例的最终渲染结果如图7-140所示。

图7-140

第 8 章

动画技术

8.1 动画概述

　　动画，是一门集合了漫画、电影、数字媒体等多种艺术形式的综合艺术，也是一门年轻的学科，经过了100多年的历史发展，已经形成了较为完善的理论体系和多元化产业，其独特的艺术魅力深受广大人民的喜爱。在本书中，动画仅狭义地理解为使用Maya软件来设置对象的形变及运动过程记录。迪士尼公司早在30年代就提出了著名的"动画12原理"，这些传统动画的基本原理不但适用于定格动画、黏土动画、二维动画，也同样适用于三维电脑动画。在Maya软件中制作效果真实的动画是一种"黑魔法"。使用Maya软件创作的虚拟元素与现实中的对象合成在一起可以带给观众超强的视觉感受和真实体验。用户在学习本章内容之前，建议阅读一下相关书籍并掌握一定的动画基础理论，这样非常有助于自身制作出更加令人信服的动画效果。

　　在学习全新的三维动画技术之前，用户应该铭记早期在没有数字技术之前的那些动画先驱者们为动画事业所做的贡献。早期的动画师发明了使用传统绘画、模型制作、摄影辅助、剪纸艺术等动画制作技术手段，例如1940年米高梅电影公司出品的动画片《猫和老鼠》、1958年万古蟾执导的剪纸动画片《猪八戒吃瓜》、1988年上海美术电影制片厂出品的水墨动画片《山水情》等，制作这些影片的优秀动画师在没有数字技术的年代以传统的艺术创作方式完成了一个又一个的经典动画，推动了世界动画制作技术的发展。尽管在当下的数字时代，人们已经开始习惯使用计算机来制作电脑动画，但是制作动画的基础原理及表现方式仍然沿用着这些动画先驱者们总结出来的经验，并在此基础上不断完善、更新及应用。

　　如图8-1和图8-2所示均为使用Maya软件所制作完成的建筑在不同时间下的光影动画效果。

图8-1

图8-2

8.2 关键帧动画

　　关键帧动画是Maya动画技术中最常用的，也是最基础的动画设置技术。简单点，就是在物体动画的关键时间点上来进行设置数据记录。而Maya则根据这些关键点上的数据设置来完成中间时间段内的动画计算，这样一段流畅的三维动画就制作完成了。在"动画"工具架上可以找到有关关键帧的命令，如图8-3所示。

图8-3

工具解析

- 播放预览：通过屏幕捕获帧预览动画。
- 运动轨迹：显示出所选对象的运动轨迹。
- 重影：为选定对象生成重影效果。
- 取消重影：将选定对象的重影效果取消。
- 重影编辑器：打开重影编辑器窗口，Maya 2022版本新增功能。
- 烘焙动画：为所选对象的动画烘焙关键帧动画。
- 设置关键帧：选择要设置关键帧的对象来设置关键帧。
- 设置动画关键帧：为已经设置完成动画的通道设置关键帧。
- 设置平移关键帧：为选择的对象设置平移属性关键帧。
- 设置旋转关键帧：为选择的对象设置旋转属性关键帧。
- 设置缩放关键帧：为选择的对象设置缩放属性关键帧。

8.2.1 基础操作：创建关键帧动画

【知识点】 创建关键帧动画、更改关键帧位置、删除关键帧、设置动画正常播放速度、添加书签。

01 启动中文版Maya 2022软件，单击"多边形建模"工具架上的"多边形球体"图标，如图8-4所示。

图8-4

02 在场景中创建一个球体模型，如图8-5所示。

03 在第1帧位置处，在"通道盒/层编辑器"面板中选中"平移X""平移Y"和"平移Z"属性，如图8-6所示。右击并执行"为选定项设置关键帧"命令，如图8-7所示。

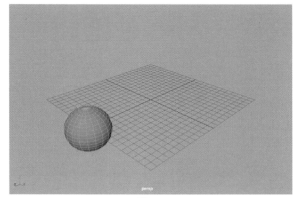

图8-5

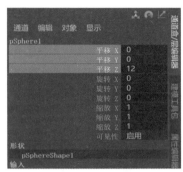

图8-6

图8-7

04 设置完成后，可以看到这3个属性后面会出现红色的方形标记，证明已经设置了关键帧，如图8-8所示。

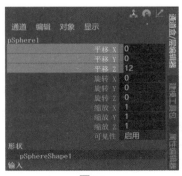

图8-8

05 在第50帧位置处，移动球体模型的位置至如图8-9所示。

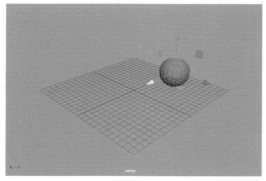

图8-9

06 以同样的操作方式再次为球体的"平移X""平移Y"和"平移Z"属性设置关键帧,如图8-10所示。这样,一个简单的位移动画就制作完成了。

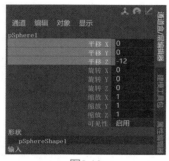

图8-10

07 如果现在单击"向前播放"按钮,如图8-11所示,可以看到现在球体的运动效果给人的感觉非常快速。这时,就需要设置一下场景的动画播放速度。

图8-11

08 在"时间滑块"上右击,在弹出的快捷菜单中执行"播放速度"|"以最大实时速度播放每一帧"命令,如图8-12所示。设置完成后,再次播放场景动画,这时动画才会以正常播放速度进行播放。

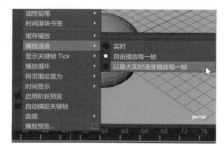

图8-12

09 关键帧的位置是可以更改的,两个关键帧之间

的位置越远,动画播放效果给人的感觉就会越缓慢,反之亦然。按Shift键,单击第50位置处的关键帧,即可选择该关键帧,将其移动至第60帧位置处,如图8-13所示。

图8-13

10 如果想要删除该关键帧,可以在"时间滑块"上右击,在弹出的快捷菜单中执行"删除"命令,如图8-14所示。

图8-14

11 Maya还为动画师提供了"书签"功能,用于在"时间滑块"上标记哪些帧是做什么用的,该功能类似一个标注的作用。按住Shift键,在"时间滑块"上选择如图8-15所示的区域。

图8-15

12 单击"书签"按钮,在弹出的"创建书签"对话框中,可以为书签创建一个名称并选择一个任意的颜色,如图8-16所示。

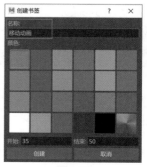

图8-16

13 设置完成后,将光标移动至该书签上,则会显

示出该书签的名称及范围，如图8-17所示。

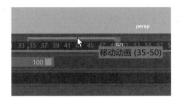

图8-17

8.2.2 基础操作：在视图中观察动画

【知识点】播放预览，运动轨迹，设置重影，烘焙动画。

01 启动中文版Maya 2022软件，单击"多边形建模"工具架上的"多边形圆柱体"图标，如图8-18所示。

图8-18

02 在场景中创建一个圆柱体模型，如图8-19所示。

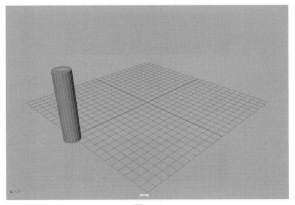

图8-19

03 在第1帧位置处，单击"动画"工具架上的"设置平移关键帧"图标，如图8-20所示。为其平移的相关属性设置关键帧，设置完成后，在"属性编辑器"面板中可以看到"平移"属性后面的参数背景颜色呈红色显示状态，如图8-21所示。

04 在第20帧位置处，调整圆柱体模型的位置至如图8-22所示。再次单击"动画"工具架上的"设置平移关键帧"图标，为"平移"属性设置关键帧。这样，一个简单的位移动画就制作完成了。

图8-20

图8-21

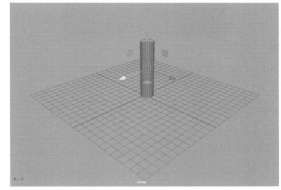

图8-22

05 在第30帧位置处，单击"动画"工具架上的"设置旋转关键帧"图标，如图8-23所示。

图8-23

06 在第50帧位置处，旋转圆柱体模型的角度至如图8-24所示。再次单击"动画"工具架上的"设置旋转关键帧"图标，为"旋转"属性设置关键帧。这样，一个简单的旋转动画就制作完成了。

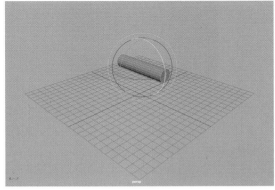

图8-24

07 单击"动画"工具架上的"播放预览"图标，如图8-25所示，即可看到Maya软件现在会开始生成动画预览，预览完成后，会自动弹出本机上的播放器播放动画预览。

图8-25

08 单击"动画"工具架上的"运动轨迹"图标，如图8-26所示，即可在视图中显示出圆柱体的运动轨迹，其中运动轨迹上红色的部分代表已经发生的动画运动轨迹，蓝色的部分代表将要移动的动画运动轨迹，如图8-27所示。

图8-26

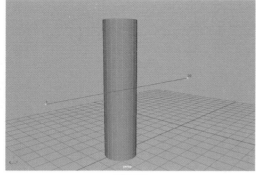

图8-27

09 在"大纲视图"面板中，可以观察到场景中多了一个运动轨迹对象，如图8-28所示。如果该运动轨迹用户不想显示，则需要在"大纲视图"面板中选中该对象后进行删除。

图8-28

10 单击"动画"工具架上的"为选定对象生成重影"图标，如图8-29所示。可以在视图中显示出圆柱体的重影效果，如图8-30和图8-31所示。

11 单击"动画"工具架上的"取消选定对象的重影"图标，如图8-32所示。可以在视图中取消显示圆柱体的重影效果。

图8-29

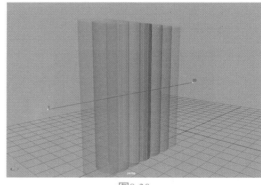

图8-30

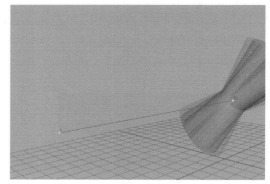

图8-31

图8-32

12 单击"动画"工具架上的"打开重影编辑器窗口"图标，如图8-33所示。可以打开"重影编辑器"面板，如图8-34所示。

图8-33

图8-34

13 在"重影编辑器"面板中可以更改重影的颜色及透明度等属性，如图8-35所示为随意更改了重影颜色后的视图显示结果。

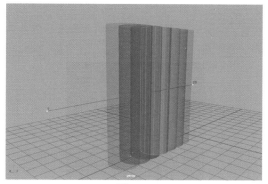

图8-35

14 单击"动画"工具架上的"烘焙动画"图标，如图8-36所示，可以在"时间滑块"中将圆柱体的每一个帧位置处都生成一个关键帧，如图8-37和图8-38所示为单击"烘焙动画"图标前后的动画关键帧对比。

图8-36

图8-37

图8-38

8.2.3　实例：制作盒子翻滚动画

本例将使用关键帧动画技术来制作一个立方体盒子在地上翻滚的动画效果，如图8-39所示为本实例的最终完成效果。

图8-39

01 启动中文版Maya 2022软件，并打开本书配套资源"盒子.mb"文件，可以看到场景中有一个设置完成材质的立方体盒子模型，如图8-40所示。

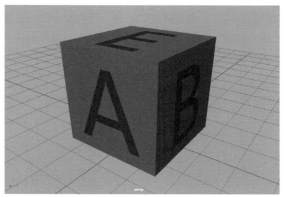

图8-40

02 在"工具栏"上单击"捕捉到点"按钮，开启Maya的捕捉到点功能，如图8-41所示。

图8-41

03 选择场景中的盒子模型，按D键，移动盒子的坐标轴至如图8-42所示的顶点位置处。

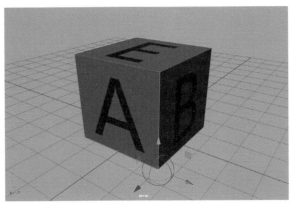

图8-42

04 在第1帧位置处，单击"动画"工具架上的"设置旋转关键帧"图标，如图8-43所示。

图8-43

05 设置完成后，观察"变换属性"卷展栏中的"旋转"属性，可以看到设置了动画关键帧之后，该参数背景色显示为红色，如图8-44所示。

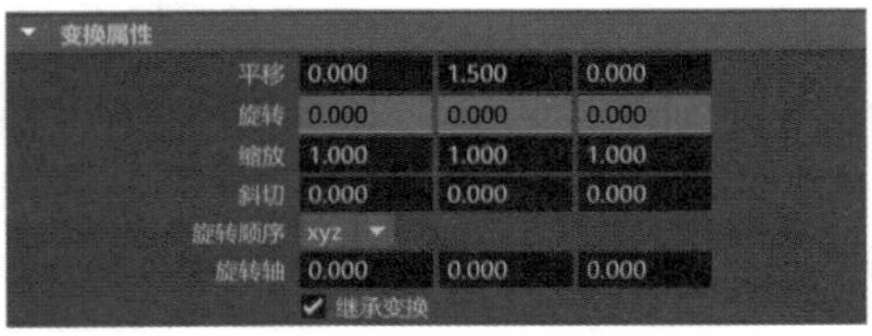

图8-44

06 在第12帧位置处，将场景中的盒子模型旋转至如图8-45所示，再次单击"动画"工具架上的"设置旋转关键帧"图标，设置关键帧，制作出盒子翻滚的动画效果。

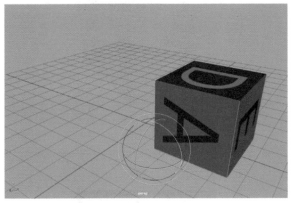

图8-45

07 接下来，开始继续制作盒子往前翻滚的动画。

这时，需要注意的是，盒子如果再往前翻滚，不可以像刚才的操作那样直接更改盒子的坐标轴。

08 在场景中选择盒子模型，使用Ctrl+G组合键，对盒子执行"分组"操作，同时，在"大纲视图"中观察盒子模型执行了"分组"操作之后的层级关系，如图8-46所示。

图8-46

09 对新建的组更改坐标轴，则不会对之前的盒子旋转动画产生影响。按D键，移动组的坐标轴至如图8-47所示的顶点位置处。

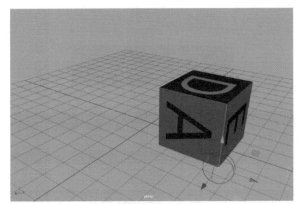

图8-47

10 在第12帧，对组的"旋转"属性设置关键帧，如图8-48所示。

图8-48

11 设置完成后，移动时间帧至第24帧，将场景中的盒子模型旋转至如图8-49所示，再次设置关键帧，制作出盒子翻滚的动画效果。

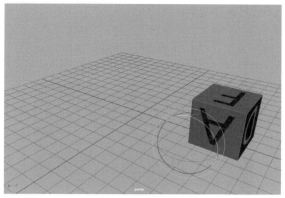

图8-49

12 重复以上步骤，即可制作出盒子在地面上不断翻滚的动画效果，如图8-50所示。

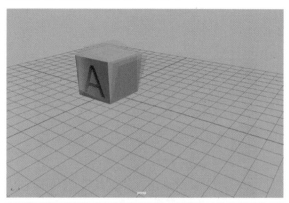

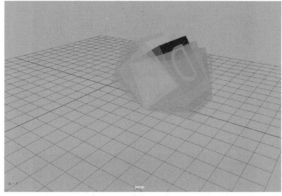

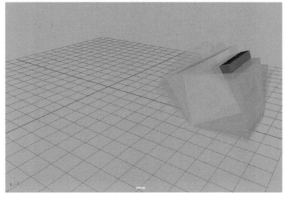

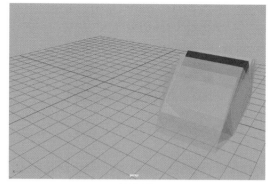

图8-50

8.2.4 实例：制作小球滚动表达式动画

本例来制作一个小球在地上滚动的动画效果，如图8-51所示为本实例的最终完成效果。

图8-51

01 启动中文版Maya 2022软件，单击"多边形建模"工具架上的"多边形球体"图标，如图8-52所示。

图8-52

02 在场景中创建一个多边形小球模型，如图8-53所示。

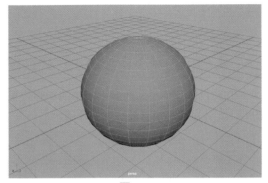

图8-53

03 在"属性编辑器"面板中，展开"多边形球体历史"卷展栏，设置"半径"的值为3，如图8-54所示。

图8-54

04 在"通道盒/层编辑器"面板中，设置"平移X"的值为0，"平移Y"的值为3，"平移Z"的值为0，"旋转X"的值为90，"旋转Y"的值为0，"旋转Z"的值为0，如图8-55所示。

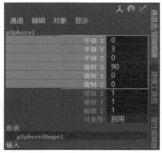

图8-55

05 小球在滚动的同时，球体随着位置的变换自身

还会产生旋转动画，为了保证球体在移动时所产生的旋转动作不会产生打滑现象，需要使用表达式来进行动画的设置。将光标放置于"平移"属性的X值上，右击并执行"创建新表达式"命令，如图8-56所示。

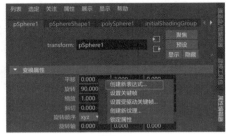

图8-56

06 在弹出的"表达式编辑器"面板中，将代表球体X方向位移属性的表达式复制记录下来，如图8-57所示。

图8-57

07 同理，找到代表球体半径的表达式，如图8-58所示。

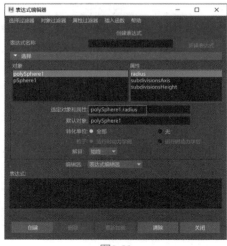

图8-58

08 在"旋转"属性的Z值上右击，执行"创建新表达式"命令，如图8-59所示。

图8-59

09 在弹出的"表达式编辑器"面板中，在"表达式"文本框内输入：pSphere1.rotateZ=-pSphere1.translateX/polySphere1.radius*180/3.14，如图8-60所示。

图8-60

10 输入完成后，单击"创建"按钮，执行该表达式，可以看到现在小球"旋转"属性的Z值背景色呈紫色显示状态，如图8-61所示，这说明该参数现在受到其他参数的影响。

图8-61

11 设置完成后，在"属性编辑器"面板中，可以看到现在小球还多了一个名称为expression1的选项卡，如图8-62所示。现在在场景中慢慢沿X轴移动小球，则可以看到小球会产生正确的自旋效果。

12 在第1帧位置处，选择球体模型，在"通道盒/层编辑器"面板中为"平移X"属性设置关键帧，设置

完成后，"平移X"属性后面会出现红色方形标记，如图8-63所示。

图8-62

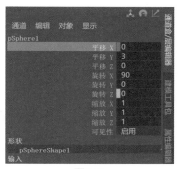

图8-63

13 在第100帧位置处，移动球体模型的位置至如图8-64所示，并再次为"平移X"属性设置关键帧，如图8-65所示。

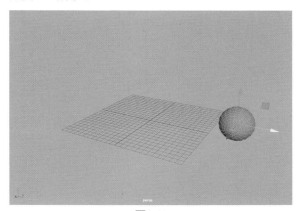

图8-64

图8-65

14 设置完成后，播放场景动画，可以看到随着小球的移动，球体还会自动产生自旋的动画效果，如图8-66所示。

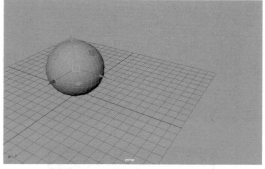

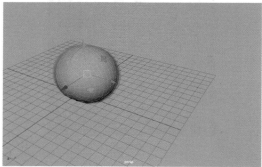

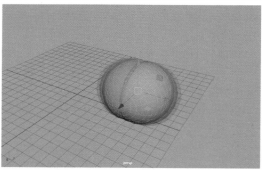

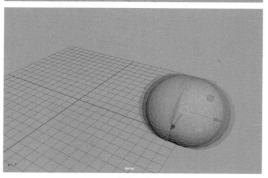

图8-66

8.2.5　实例：制作文字跳跃动画效果

本例来制作一个文字跳跃的动画效果，如图8-67所示为本实例的最终完成效果。

图8-67

01 启动中文版Maya 2022软件，单击"多边形建模"工具架上的"多边形类型"图标，如图8-68所示，即可在场景中创建一个文字模型，如图8-69所示。

02 在"属性编辑器"面板中，设置文字模型的内容为Autodesk Maya，如图8-70所示。

图8-68

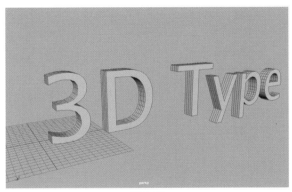

图8-69

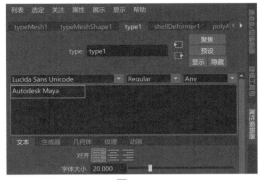

图8-70

03 在"可变形类型"卷展栏中,勾选"可变形类型"选项,这样可以在场景中查看文字模型的布线结构,如图8-71所示。

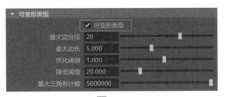

图8-71

04 设置完成后,场景中的文字模型显示结果如图8-72所示。

图8-72

05 在"动画"选项卡中,勾选"动画"选项,在第1帧位置处,为"平移"的Y值设置关键帧,为

"旋转"的X值设置关键帧,如图8-73所示。

图8-73

06 在第15帧位置处,再次为"平移"的Y值设置关键帧,将"旋转"的X值设置为360,并设置关键帧,如图8-74所示。

图8-74

07 回到第8帧位置处,仅更改"平移"的Y值为10,并设置关键帧,如图8-75所示。

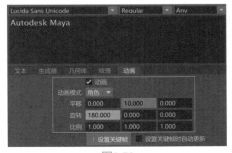

图8-75

08 设置完成后,播放动画,可以看到现在文字模型中的每一个字母动画跳动的动画效果如图8-76所示。

图8-76

8.3 约束动画

Maya提供了一系列的"约束"命令供用户解决复杂的动画设置制作，这些命令可以在"动画"工具架或"绑定"工具架上找到，如图8-77所示。

图8-77

工具解析

- ▣父约束：将一个对象的变换属性约束到另一个对象上。
- ▣点约束：将一个对象的位置约束到另一个对象上。

- ▣方向约束：将一个对象的方向约束到另一个对象上。
- ▣缩放约束：将一个对象的缩放比例约束到另一个对象上。
- ▣目标约束：设置一个对象的方向始终朝向另一个对象。
- ▣极向量约束：约束IK控制柄始终跟随另一个对象的位置。

8.3.1 基础操作：设置父约束

【知识点】设置父约束。

01 启动中文版Maya 2022软件，单击"多边形建模"工具架上的"多边形球体"图标，如图8-78所示。

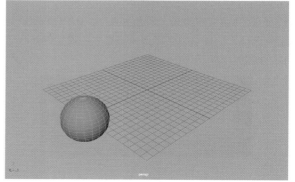

图8-78

02 在场景中创建一个球体模型，如图8-79所示。

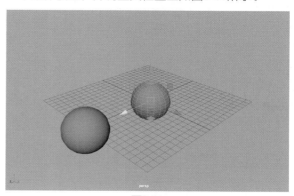

图8-79

03 按住Shift键，配合"移动"工具在场景中复制一个球体模型，并调整其位置至如图8-80所示。

图8-80

04 先选择创建的第一个球体，按Shift键加选场景中的第二个球体，如图8-81所示。

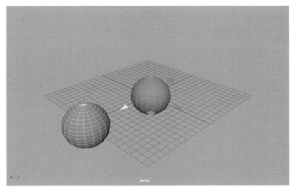

图8-81

05 单击"动画"工具架上的"父约束"图标，如图8-82所示。即可将后选择的球体父约束至先选择的球体模型上。

图8-82

06 在"大纲视图"面板中，也可以看到场景中的第二个球体模型名称下方所出现的约束对象，如图8-83所示。

图8-83

07 现在可以在场景中尝试对第一个球体进行位移操作，可以看到第二个球体的位置也会随之发生变化，如图8-84所示。

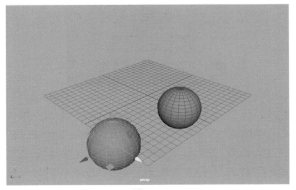

图8-84

08 如果对第一个球体进行旋转操作，第二个球体也会受其影响产生相应的旋转，如图8-85所示。

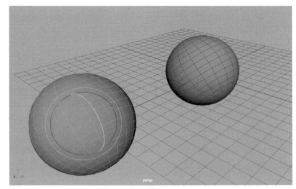

图8-85

8.3.2 实例：制作扇子开合约束动画

本例将使用"方向约束"来制作一个能够使扇子方便开合的动画装置，如图8-86所示为本实例的最终完成效果。

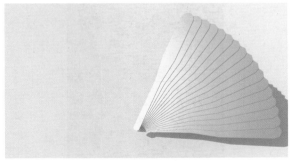

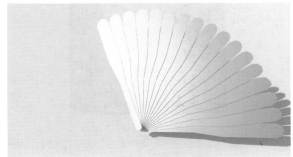

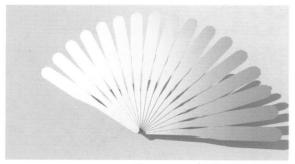

图8-86

01 启动中文版Maya 2022软件，打开本书配套资源场景文件"扇子.mb"，如图8-87所示。

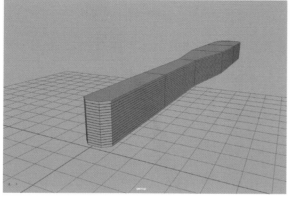

图8-87

02 观察"大纲视图"，可以看到场景中一共有17个扇片模型，如图8-88所示。

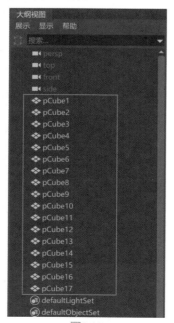

图8-88

03 单击"绑定"工具架中的"创建定位器"图标，如图8-89所示。

图8-89

04 在场景中创建一个定位器，如图8-90所示。

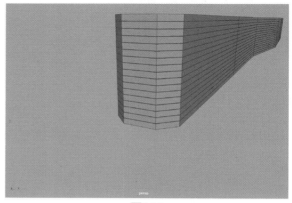

图8-90

05 在视图中框选所有的扇片模型，按Shift键加选场景中的定位器，执行"编辑"|"建立父子关系"命令，使得所有的扇片模型均作为定位器的子对象，设置完成后，在"大纲视图"面板中可以看到定位器与扇片模型的层级关系如图8-91所示。

图8-91

06 在"大纲视图"中，先选择pCube1对象，按住Ctrl键加选pCube9对象，单击"动画"工具架上的"方向约束"图标，如图9-76所示，可以将后选择对象的"旋转"属性约束至先选择对象的"旋转"属性上。

图8-92

07 在"大纲视图"中，先选择pCube17对象，按住Ctrl键加选pCube9对象，单击"动画"工具架上的"方向约束"图标，再将pCube9对象的"旋转"属性约束至pCube17对象的"旋转"属性上，使得pCube9对象的方向同时受到pCube1对象和pCube17对象这两个模型的方向影响，设置完成后，旋转pCube17对象，则pCube9对象也会产生相应的角度改变，如图8-93所示。

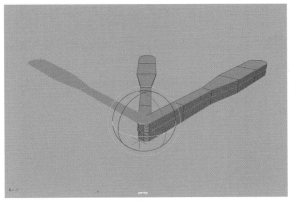

图8-93

08 在"大纲视图"中，先选择pCube9对象，按住Ctrl键加选pCube13对象，单击"动画"工具架上的"方向约束"图标，再将pCube13对象的"旋转"属性约束至pCube17对象的"旋转"属性上，使得pCube13对象的方向同时受到pCube9对象和pCube17对象这两个模型的方向影响，设置完成后，pCube13对象的旋转角度如图8-94所示。

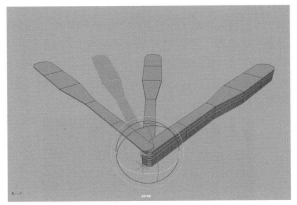

图8-94

09 依次对其他扇片模型进行同样的操作步骤，即可制作出一把方便开合的扇子模型，如图8-95所示。

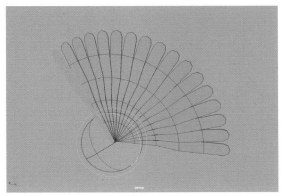

图8-95

10 对扇片模型设置完"方向约束"之后，再制作和修改扇子的开合动画将变得非常方便，只需要调整一根扇片模型的旋转动画即可，如图8-96所示。

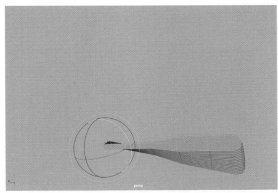

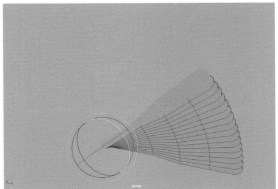

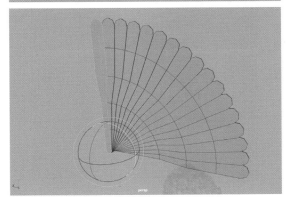

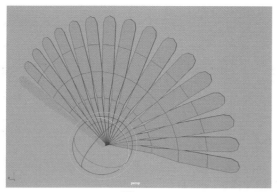

图8-96

8.3.3 实例：制作鲨鱼游动路径动画

本例将使用路径动画技术来制作一段鲨鱼游动的动画效果，如图8-97所示为本实例的最终完成效果。

图8-97

01 打开本书配套资源"鲨鱼.mb"文件，场景中有一个鲨鱼的模型和一条弯曲的曲线，如图8-98所示。

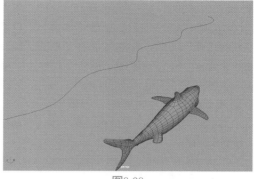

图8-98

02 先选择鲨鱼模型，按Shift键加选场景中的曲线，如图8-99所示。

图8-99

03 执行菜单栏"约束"|"运动路径"|"连接到运动路径"命令，如图8-100所示，这样鲨鱼模型就自动移动至场景中的曲线上了，如图8-101所示。

04 拖动时间帧，在场景中观察鲨鱼模型的曲线运动，可以看到在默认状态下，鲨鱼的方向并非与路径相一致，这时，就需要修改一下鲨鱼的运动方向。在"属性编辑器"面板中找到motionPath1选项卡，在"运动路径属性"卷展栏内，将"前方向轴"的选项更改为Z，如图8-102所示，这样鲨鱼模型的方向就与路径的方向相匹配了，如图8-103所示。

图8-100

图8-101

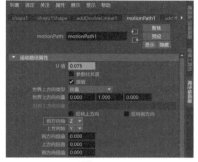

图8-102

图8-103

05 鲨鱼的路径动画设置完成后，拖动时间帧，观察场景动画，可以看到鲨鱼运动的形态比较僵硬。选择鲨鱼模型，单击菜单栏"约束"|"运动路径"|"流动路径对象"命令后面的方形按钮，如图8-104所示。

图8-104

06 在弹出的"流动路径对象选项"对话框中，设置"分段"的"前"值为10，设置"晶格围绕"的选

项为"对象"，如图8-105所示。

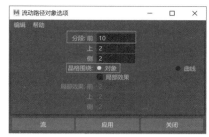

图8-105

07 设置完成后，单击"流"按钮，关闭该对话框，在视图中可以看到鲨鱼模型上多了一个晶格，并且鲨鱼模型受到晶格变形的影响也产生了形变，如图8-106所示。

图8-106

08 拖动时间帧，在透视视图中观察鲨鱼动画，可以看到添加了晶格变形的鲨鱼动画自然了很多，本实例的最终动画效果如图8-107所示。

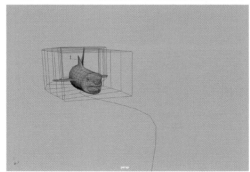

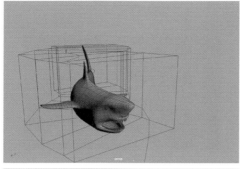

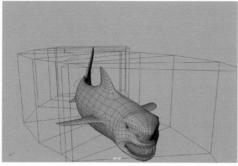

图8-107

8.3.4 实例：制作蝴蝶展翅循环动画

本例将讲解在中文版Maya 2022软件中如何制作蝴蝶飞舞的动画效果，如图8-108所示为本实例的最终完成效果。

图8-108

01 打开本书配套场景资源文件"蝴蝶.mb"，里面有一只蝴蝶的模型，并设置完成了材质，如图8-109所示。

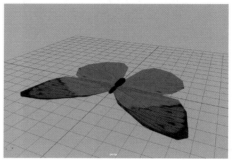

图8-109

02 在第1帧位置处，选择如图8-110所示的蝴蝶翅膀模型。

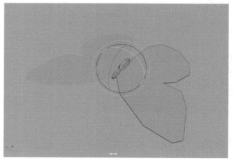

图8-110

03 在"通道盒/层编辑器"面板中，设置"旋转Z"值为-30，并为其设置关键帧，如图8-111所示。

图8-111

04 在第12帧位置处，调整"旋转Z"值为80，并再次为该属性设置关键帧，如图8-112所示。

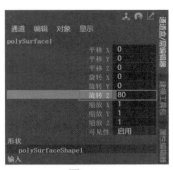

图8-112

05 以同样的方式对另一只翅膀也设置完成关键帧后，接下来，开始为蝴蝶的翅膀设置动画循环效果。执行菜单栏"窗口"|"动画编辑器"|"曲线图编辑器"命令，打开"曲线图编辑器"面板，如图8-113所示。

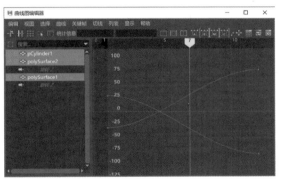

图8-113

06 在"曲线图编辑器"面板中，执行"曲线"|"后方无限"|"往返"命令，如图8-114所示，设置完成后，拖动"时间滑块"，即可看到现在蝴蝶的翅膀有了不断来回扇动的动画效果。

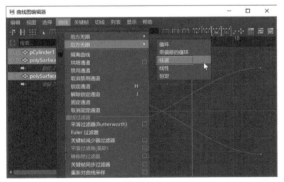

图8-114

07 单击"绑定"工具架中的"创建定位器"图标，如图8-115所示。

图8-115

08 在场景中创建一个定位器，如图8-116所示。

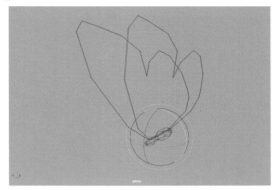

图8-116

09 在"大纲视图"中，将蝴蝶模型设置为定位器的子对象，如图8-117所示。

图8-117

10 单击"曲线/曲面"工具架上的"EP曲线工具"图标，如图8-118所示。

图8-118

11 在场景中绘制一条曲线，如图8-119所示。

图8-119

12 选择定位器，再加选曲线，执行菜单栏"约束"|"运动路径"|"连接到运动路径"命令，使得蝴蝶模型沿绘制完成的曲线进行移动，如图8-120所示。

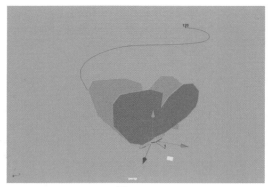

图8-120

13 在默认状态下，蝴蝶的方向并非与路径相一致，这时，需要修改一下蝴蝶的运动方向。在"属性编辑器"面板中找到motionPath1选项卡，在"运动路径属性"卷展栏内，将"前方向轴"的选项更改为Z，并勾选"反转前方向"选项，如图8-121所示。

图8-121

14 设置完成后，拖动"时间滑块"，可以看到现在蝴蝶模型的运动方向就与路径的方向相匹配了，如图8-122所示。

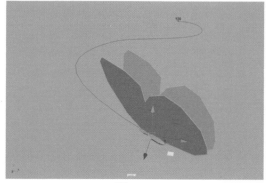

图8-122

15 单击"动画"工具架上的"为选定对象生成重影"图标，如图8-123所示。

图8-123

16 在场景中观察蝴蝶的运动重影效果，本实例的最终动画效果如图8-124所示。

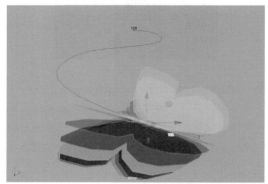

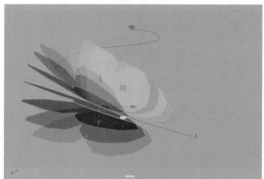

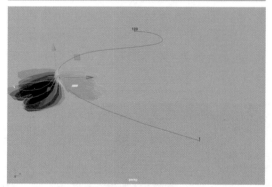

图8-124

8.4 骨架动画

Maya提供了一系列与骨架动画设置有关的工具图标，这些工具可以在"绑定"工具架上找到，如图8-125所示。

图8-125

工具解析

- ⋇创建定位器：单击以创建一个定位器。
- ⟨创建关节：单击以创建关节。
- ⟨创建IK控制柄：单击在关节上创建IK控制柄。
- ⟨绑定蒙皮：为角色设置绑定蒙皮。
- ⟨快速绑定：单击可以打开"快速绑定"面板。
- Human IK：显示角色控制面板。

8.4.1 基础操作：手臂骨架绑定技术

【知识点】创建关节、创建IK控制柄、绑定蒙皮、极向量约束。

01 启动Maya软件，打开本书配套资源场景文件"手臂.mb"，该场景中有一个手臂模型，如图8-126所示。

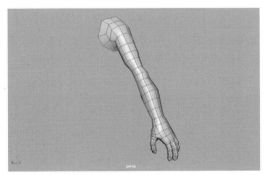

图8-126

02 单击"绑定"工具架上的"创建关节"图标，如图8-127所示。

图8-127

03 在"前视图"中创建如图8-128所示的一段骨架。

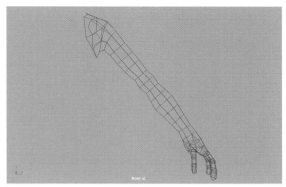

图8-128

04 在"右视图"中微调骨骼的位置至如图8-129所示，使得骨骼的位置完全处于手臂模型当中。

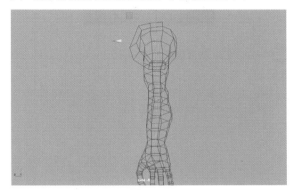

图8-129

05 单击"绑定"工具架上的"创建IK控制柄"图标，如图8-130所示。

图8-130

06 在场景中单击骨架的两个端点，创建出骨架的IK控制柄，如图8-131所示。

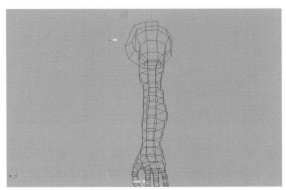

图8-131

07 移动骨架IK控制柄的位置，可以看到骨骼的形态现在已经开始受到IK控制柄的影响，如图8-132所示。

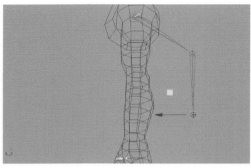

图8-132

08 单击"绑定"工具架上的"创建定位器"图标，如图8-133所示，在场景中创建一个定位器。

图8-133

09 移动定位器至如图8-134所示的手肘模型后方位置处。

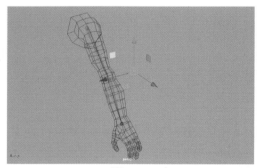

图8-134

10 先选择场景中的定位器，按Shift键加选场景中的IK控制柄，如图8-135所示。

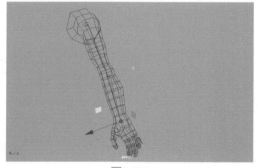

图8-135

11 单击"绑定"工具架中的"极向量约束"按钮，如图8-136所示。对骨骼的方向进行设置，如图8-137所示。

图8-136

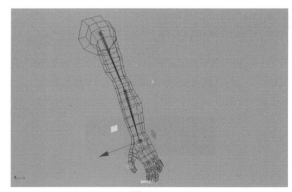

图8-137

12 选择场景中的骨骼对象，按住Shift键加选手臂模型，如图8-138所示。

图8-138

13 单击"绑定"工具架上的"绑定蒙皮"图标，如图8-139所示，对手臂模型进行蒙皮操作。

图8-139

14 设置完成后，再次移动IK控制柄，可以看到现在手臂模型也会随着骨骼的位置产生形变，如图8-140所示。

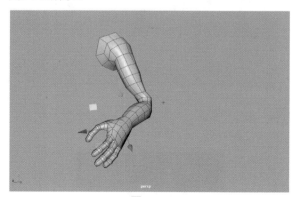

图8-140

15 调整场景中的定位器位置，可以看到手臂的弯曲方向也跟着发生了变化，如图8-141所示。

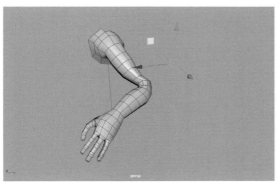

图8-141

8.4.2 实例：制作台灯绑定装置

本例将使用"骨架"工具来绑定一个台灯模型，如图8-142所示为本实例的最终完成效果。

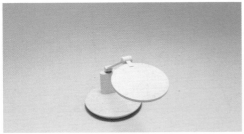

图8-142

01 启动中文版Maya 2022软件，打开本书配套资源"台灯.mb"文件，里面有一个台灯模型，如图8-143所示。

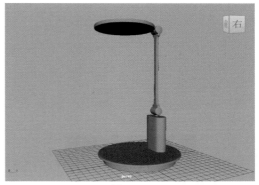

图8-143

02 单击"绑定"工具架上的"创建关节"图标，如图8-144所示。

图8-144

03 在"右视图"中如图8-145所示位置处，为台灯的支撑部分创建骨架。

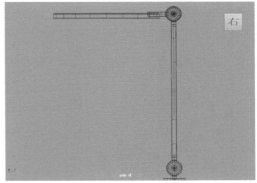

图8-145

04 单击"绑定"工具架上的"创建IK控制柄"图标，如图8-146所示。

图8-146

05 在场景中单击骨架的两个端点，创建出骨架的IK控制柄，如图8-147所示。

06 单击"曲线/曲面"工具架上的"NURBS圆形"图标，如图8-148所示。在场景中创建一个圆形。

07 在"通道盒/层编辑器"面板中，调整圆形的"半径"值为9，如图8-149所示。

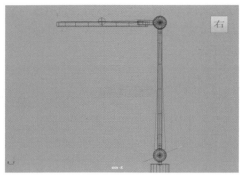

图8-147

图8-148

图8-149

08 设置完成后，圆形在视图中的显示效果如图8-150所示。

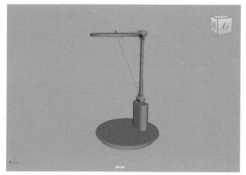

图8-150

09 以同样的方式再次创建一个半径为7的圆形，在"通道盒/层编辑器"面板中，调整圆形的参数至如图8-151所示。

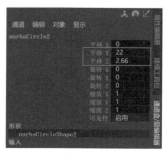

图8-151

10 在场景中先选择台灯灯盘位置处的圆形，再加选IK控制柄，如图8-152所示。

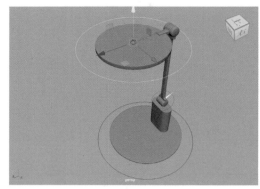

图8-152

11 单击"绑定"工具架上的"父约束"图标，如图8-153所示。

图8-153

12 场景中的如图8-154所示的模型，将其设置为台灯底座位置处圆形的子对象。

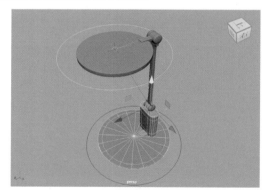

图8-154

13 先选择场景中的骨架，再加选灯盘模型，如图8-155所示。

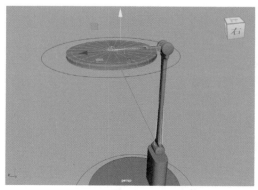

图8-155

14 单击"绑定"工具架上的"绑定蒙皮"图标，

如图8-156所示，对灯盘模型进行蒙皮操作。

图8-156

15 先选择场景中的骨架，再加选灯架模型，如图8-157所示。单击"绑定"工具架上的"绑定蒙皮"图标，对灯架模型进行蒙皮操作。

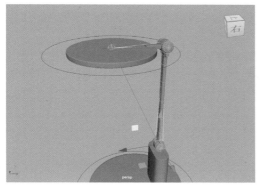

图8-157

16 蒙皮完成后，调整一下灯盘控制器的位置，可以看到灯盘模型有点变形，如图8-158所示。

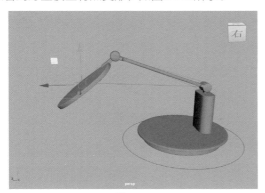

图8-158

17 单击菜单栏"蒙皮"|"绘制蒙皮权重"命令后面的方形按钮，如图8-159所示。

图8-159

18 在弹出的"工具设置"面板中，选择控制灯盘

模型的骨架，并设置"剖面"的选项为"硬笔刷"，如图8-160所示。

图8-160

19 在场景中对灯盘模型绘制蒙皮权重，如图8-161所示。

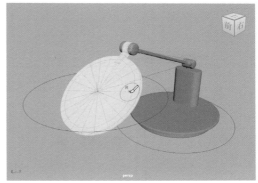

图8-161

20 以同样的操作步骤对灯架模型也进行绘制蒙皮权重，如图8-162所示。

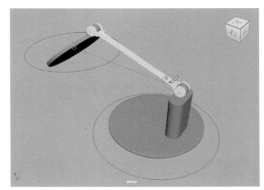

图8-162

21 设置完成后，随意调整一下灯盘控制器的位置，本实例的最终绑定效果如图8-163所示。

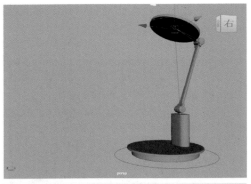

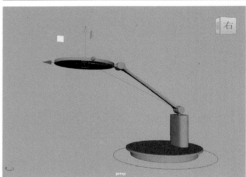

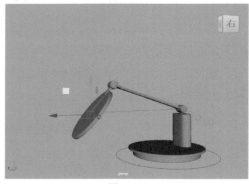

图8-163

8.5　综合实例：制作角色运动动画

本例将使用"快速绑定"工具来绑定一个人

物角色模型，如图8-164所示为本实例的最终完成效果。

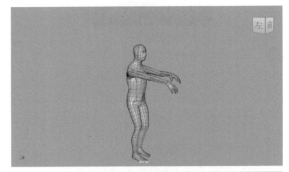

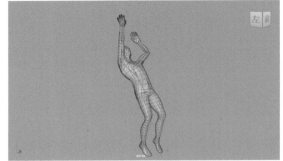

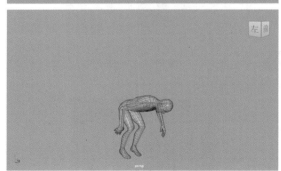

图8-164

8.5.1　使用"快速绑定"工具绑定角色

01 打开本书配套资源"角色.mb"文件，里面是一个简易的人体角色模型，如图8-165所示。

02 单击"绑定"工具架上的"快速绑定"图标，如图8-166所示。

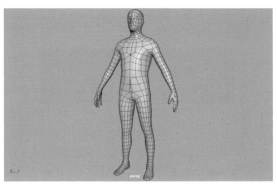

图8-165

图8-166

03 在系统自动弹出的"快速绑定"面板中，将快速绑定的方式选择为"分步"选项，如图8-167所示。

图8-167

04 在"快速绑定"面板中，单击"创建新角色"按钮，从而激活"快速装备"面板中命令，如图8-168所示。

图8-168

05 选择场景中的角色模型，在"几何体"卷展栏内，单击"添加选定的网格"按钮，将场景中选择的角色模型添加至下方的文本框中，如图8-169所示。

图8-169

06 在"导向"卷展栏内，设置"分辨率"的值为512，在"中心"卷展栏内，设置"颈部"的值为2，如图8-170所示。

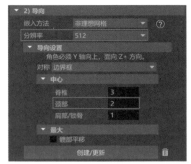

图8-170

07 设置完成后，单击"导向"卷展栏内的"创建/更新"按钮，即可在透视视图中看到角色模型上添加了多个导向，如图8-171所示。

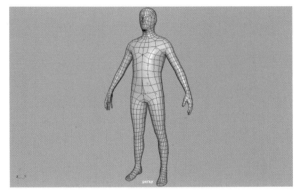

图8-171

08 在透视视图中，仔细观察默认状态下生成的导向，可以发现手肘处及肩膀处的导向位置略低一些，这就需要用户在场景中将其选择出来并调整其位置。先选择肩膀、颈部及头部处的导向，将其位置调整至如图8-172所示位置处。

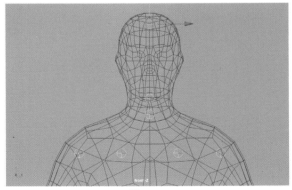

图8-172

09 再选择手肘处的导向，先将其中一个的位置调整至如图8-173所示位置处。

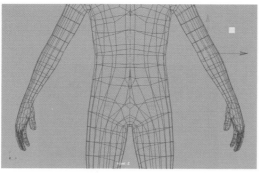

图8-173

10 单击展开"用户调整导向"卷展栏，单击"从左到右镜像"按钮，如图8-174所示，可以将其位置对称至另一侧的手肘导向，如图8-175所示。

图8-174

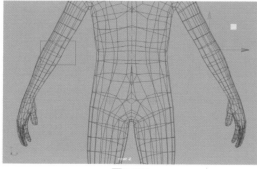

图8-175

11 调整导向完成后，展开"骨架和装备生成"卷展栏，单击"创建/更新"按钮，即可在透视视图中根据之前所调整的导向位置生成骨架，如图8-176所示。

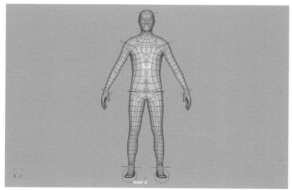

图8-176

12 用户应当注意现在场景中的骨架并不会对角色模型产生影响。展开"蒙皮"卷展栏，单击"创建/更新"按钮，即可为当前角色进行蒙皮，如图8-177

所示。只有当蒙皮计算完成后，骨架的位置才会影响角色的形变。

图8-177

13 设置完成后，角色的快速装备操作就结束了，可以通过Maya的Human IK面板中的图例快速选择角色的骨骼来调整角色的姿势，如图8-178所示。

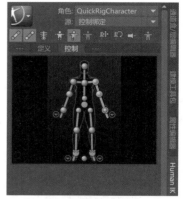

图8-178

8.5.2 绘制蒙皮权重

01 在Human IK面板中，设置"源"为"初始"，如图8-179所示。

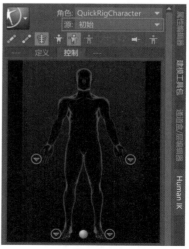

图8-179

02 这时，可以看到角色身体两侧的部分肌肉以及角色的手指均产生了不正常的变形，如图8-180所示，也就是"快速绑定"面板中的蒙皮效果有时会产生一些不太理想的效果。所以，接下来，会尝试通过"绘制蒙皮权重"命令来改善角色的蒙皮效果。

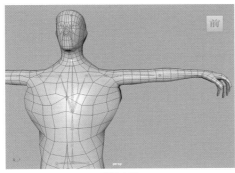

图8-180

03 单击菜单栏"蒙皮"|"绘制蒙皮权重"命令后面的方形按钮，如图8-181所示。

图8-181

04 在弹出的"工具设置"面板中，选择角色左上臂位置处的骨架，设置"剖面"的选项为"硬笔刷"，如图8-182所示。

图8-182

05 在"渐变"卷展栏中，勾选"使用颜色渐变"选项，如图8-183所示。这时，可以通过观察角色的颜色来判断骨架对其的影响程度，如图8-184所示。

图8-183

图8-184

06 在"笔划"卷展栏中，设置"半径（U）"值为5，如图8-185所示。

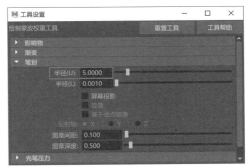

图8-185

07 按住Ctrl键，绘制角色身体左侧的顶点，使其不再受角色左上臂骨架的影响，如图8-186所示。

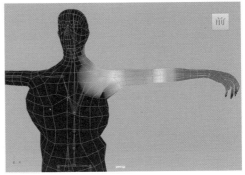

图8-186

08 使用同样的操作步骤检查角色身体其他位置处

的骨架，并对其进行权重绘制操作。最终，角色身体权重调整完成后的效果如图8-187所示。

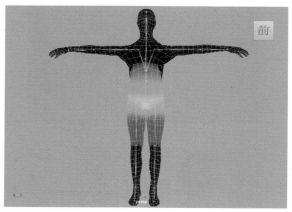

图8-187

8.5.3　为角色添加动作

01　执行菜单栏"效果"|"获取效果资产..."命令，如图8-188所示。

图8-188

02　在弹出的"内容浏览器"面板中，从软件自带的动作库中选择任意一个动作文件，右击并执行"导入"命令，如图8-189所示。

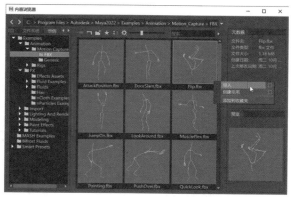

图8-189

03　导入完成后，可以看到一具完整的带有动作的骨架出现在当前场景中，如图8-190所示。

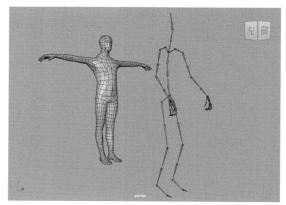

图8-190

04　在Human IK面板中，设置"源"的选项为Flip1，如图8-191所示。

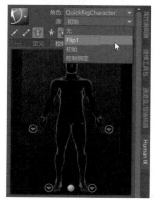

图8-191

05　播放场景动画，可以看到现在角色的骨架会自动匹配到从动作库导入进来的带有动作的骨架上，如图8-192所示。

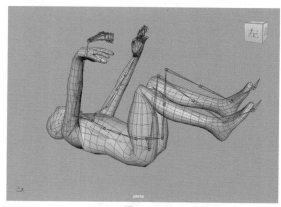

图8-192

06　在Human IK面板中，执行"烘焙"|"烘焙到控制绑定"命令，如图8-193所示。执行完成后，就可以删除场景中从动作库里导入进来的骨架，这样，场景中只需保留角色本身的骨架即可，如图8-194所示。

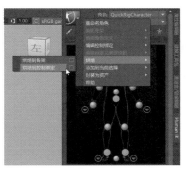

图8-193

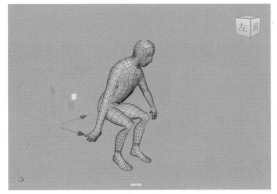

图8-194

07 在Human IK面板中，执行"编辑控制绑定"|"绑定外观"|"长方体"命令，如图8-195所示，还可以更改角色控制器的外观，如图8-196所示。

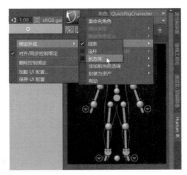

图8-195

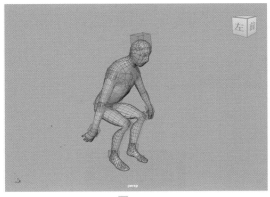

图8-196

08 本实例角色的最终动画效果如图8-197所示。

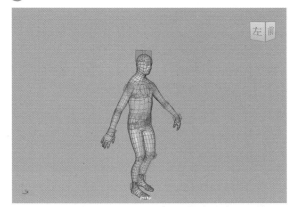

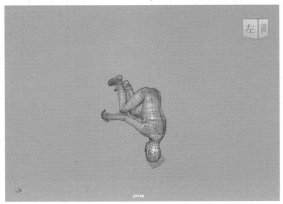

图8-197

第 9 章
流体动画技术

9.1　流体概述

　　中文版Maya 2022软件的流体效果模块可以为特效动画师提供一种实现真实模拟和渲染流体运动的动画技术，主要用来解决如何在三维软件中实现大气、燃烧、爆炸、水面、烟雾、雪崩等特效的表现。动力学流体效果的行为遵循流体动力学的自然法则，流体动力学是物理学的一个分支，是用数学方程式计算对象流动的方式。对于动力学流体效果，Maya 通过在每一个时间步处解算 Navier-Stokes 流体动力学方程式来模拟流体运动。可以创建动力学流体的纹理、向其应用力、使其与几何体碰撞和移动几何体、影响柔体以及与粒子交互。但是，如果用户想要制作出较为真实的流体动画效果，仍然需在日常生活中处处留意身边的流体运动，正如Joseph Gliiand所说的"如果你真的想要了解烟的话，就得在眼前弄出一些烟来"，如图9-1和图9-2所示为拍摄的一些用于制造流体特效时参考用的照片。

图9-1

图9-2

　　无论是想学好特效动画制作的技术人员，还是想使用特效动画技术的项目负责人，如果希望可以在自己的工作中将Maya的特效功能完全发挥出来，则必须要对三维特效动画技术有足够的重视及尊敬。用户之所以能够使用这些特效命令，完全是基于软件工程师耗费大量的时间将复杂的数学公式与软件编程技术融合应用所创造出来的可视化工具。即便如此，制作特效仍需要在三维软件中进行大量的节点及参数调试才有可能制作出效果真实的动画结果。Maya为用户提供了多种不同的流体工具用来制作流体特效动画。下面将分别来讲解这些工具的使用方法。

9.2　流体动画

　　在FX工具架中可以找到一些与"流体"有关的工具图标，如图9-3所示。

图9-3

工具解析

- 3D流体容器：创建带有发射器的3D流体容器。
- 2D流体容器：创建带有发射器的2D流体容器。
- 从对象发射流体：设置流体从所选择的模型上发射。
- 使碰撞：设置流体与场景中的模型进行碰撞。

9.2.1　基础操作：使用 2D 流体容器制作燃烧动画

【知识点】流体动画的基本设置方法。

01 启动中文版Maya 2022软件，将工具架切换至FX工具架，单击"具有发射器的2D流体容器"图标，如图9-4所示。

图9-4

02 在场景中创建一个带有发射器的2D流体容器，如图9-5所示。

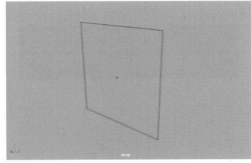

图9-5

03 在场景中选择发射器，并调整其位置至如图9-6所示。

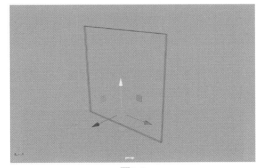

图9-6

04 播放动画，可以在"透视图"中观察默认状态下2D流体容器所产生的动画效果，如图9-7和图9-8所示。

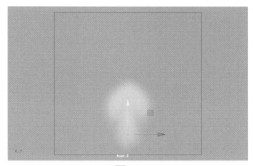

图9-7

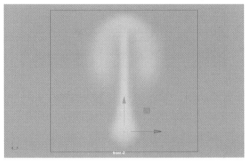

图9-8

05 在"属性编辑器"中，展开"容器特性"卷展栏，设置"基本分辨率"的值为200，如图9-9所示。

图9-9

06 再次播放动画，这次可以看到流体容器的流体动画效果有了明显的精度提高，如图9-10和图9-11所示。

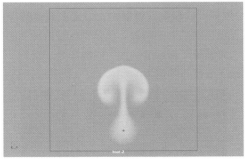

图9-10

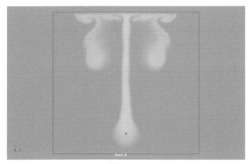

图9-11

07 展开"内容详细信息"卷展栏内的"速度"卷展栏，设置"漩涡"的值为5，"噪波"的值为0.05，如图9-12所示。

图9-12

08 播放动画，可以看到白色的烟雾在上升的过程中产生了更为随机的动画形态，如图9-13所示。

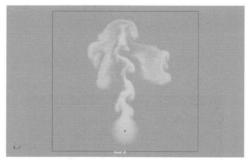

图9-13

09 单击展开"着色"卷展栏，设置"颜色"卷展栏内的"选定颜色"为黑色，如图9-14所示。

图9-14

10 展开"白炽度"卷展栏，设置白炽度的黑色、橙色和黄色的"选定位置"值分别如图9-15～图9-17所示，并设置"白炽度输入"的选项为"密度"，调整"输入偏移"的值为0.5。

图9-15

图9-16

图9-17

11 设置完成后，观察"透视图"中的流体颜色效果如图9-18所示。

图9-18

12 在"着色"卷展栏中，调整"透明度"的颜色为深灰色，如图9-19所示。可以看到场景中的流体效果要明显很多，如图9-20所示。

图9-19

图9-20

13 展开"着色质量"卷展栏，设置"质量"的值为5，如图9-21所示。

图9-21

14 在fluidEmitter1选项卡中，展开"基本发射器属性"卷展栏，设置"速率（百分比）"的值为200，如图9-22所示。可以增加火焰燃烧的程度，如图9-23所示。

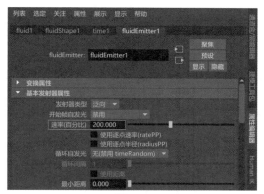

图9-22

图9-23

15 本实例的最终动画效果如图9-24所示。

图9-24

9.2.2　实例：制作烟雾模拟动画

本例将使用"3D流体容器"来制作烟雾流动的动画效果，如图9-25所示为本实例的最终完成效果。

图9-25

01 启动中文版Maya 2022软件，打开本书配套资源文件"烟雾.mb"，该场景为一个带有下水道盖子的地面模型，并已经设置完成材质和摄影机，如图9-26所示。

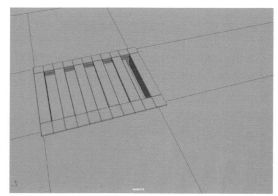

图9-26

02 将工具架切换至FX工具架，单击"具有发射器的3D流体容器"图标，如图9-27所示。

图9-27

03 在场景中创建一个带有发射器的3D流体容器，如图9-28所示。

04 在"大纲视图"中，选择场景中的流体发射器，如图9-29所示，将其删除。

05 在本例中要设置使用场景中的物体来作为流体的发射对象。选择场景中的平面对象，再加选3D流体容器，如图9-30所示。

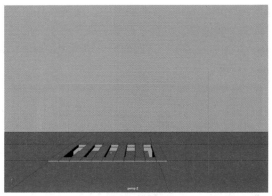

图9-28

图9-29

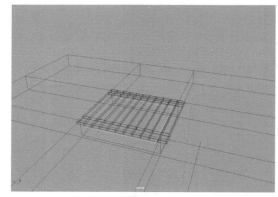

图9-30

06 单击FX工具架上的"从对象发射流体"图标，如图9-31所示。设置平面为场景中的流体发射器。

图9-31

07 设置完成后，在"大纲视图"中可以看到平面模型节点下方将产生了一个流体发射器，如图9-32所示。

08 选择场景中的3D流体容器，在"属性编辑器"面板中展开"容器特性"卷展栏，设置其中的参数至如图9-33所示。

图9-32

图9-33

09 在"通道盒/层编辑器"面板中,设置"平移X"的值为-3,设置"平移Y"的值为4,如图9-34所示。

图9-34

10 设置完成后,在场景中观察3D流体容器的位置,如图9-35所示。

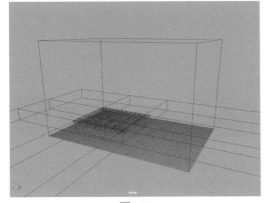

图9-35

11 先选择场景中的地面模型以及下水道井盖模型,再加选3D流体容器,如图9-36所示。

图9-36

12 单击FX工具架上的"使碰撞"图标,如图9-37所示。将这两个模型设置为与流体产生交互碰撞计算。

图9-37

13 设置完成后,播放场景动画,即可看到流体透过地面上的下水道井盖模型所模拟产生的烟雾效果,如图9-38所示。

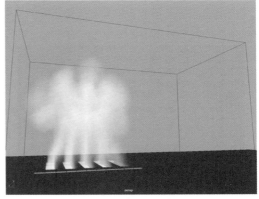

图9-38

14 选择3D流体容器,展开"内容详细信息"卷展栏内的"密度"卷展栏,调整"浮力"的值为1.5,提高烟雾上升的速度,如图9-39所示。

图9-39

15 展开"速度"卷展栏,设置"漩涡"的值为5,"噪波"的值为0.2,如图9-40所示,增加烟雾上升时的形态细节。

图9-40

16 播放动画，场景中3D流体容器所产生的烟雾动画效果如图9-41所示。

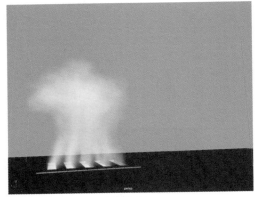

图9-41

17 选择流体发射器，展开"基本发射器属性"卷展栏，设置"速率（百分比）"的值为500，如图9-42所示。再次播放动画，这时可以看到场景中的烟雾更加明显，如图9-43所示。

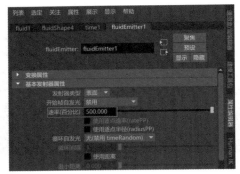

图9-42

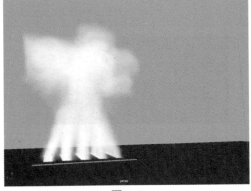

图9-43

18 选择场景中的3D流体容器，执行菜单栏"场/解算器"|"空气"命令，为流体容器添加一个空气场来影响烟雾的走向，如图9-44所示。

图9-44

19 在"属性编辑器"中，展开"空气场属性"卷展栏，设置"幅值"的值为5，"衰减"值不变，设置空气场"方向"的X值为-1，设置"方向"的Y值为0，设置"方向"的Z值为0，如图9-45所示。

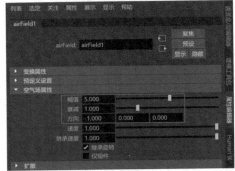

图9-45

20 播放场景动画，可以看到烟雾在方向上已经开始受到空气场的影响，如图9-46所示。

图9-46

21 展开"照明"卷展栏，勾选"自阴影"选项，并设置"阴影不透明度"的值为1，如图9-47所示。

22 设置完成后，在视图中观察烟雾，可以清晰地看到添加了"自阴影"后的显示效果，如图9-48所示。

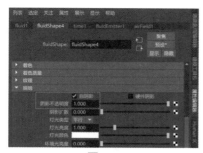

图9-47

图9-48

23 选择3D流体容器，展开"容器属性"卷展栏，将"基本分辨率"的值设置为200，提高动画的计算精度，如图9-49所示。

图9-49

24 计算流体动画，动画效果如图9-50所示，通过提高"基本分辨率"的数值，可以看到这一次的烟雾形态计算细节更加丰富。

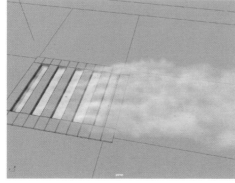

图9-50

25 展开"动力学模拟"卷展栏，设置"高细节解算"的选项为"仅速度"，设置"子步"的值为2，如图9-51所示。

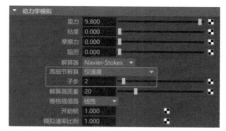

图9-51

26 单击"FX缓存"工具架上的"创建缓存"图标，如图9-52所示。

图9-52

27 本实例的烟雾动画最终效果完成如图9-53所示。

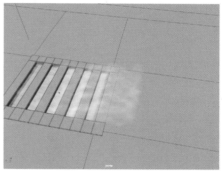

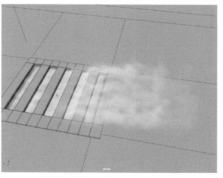

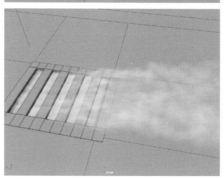

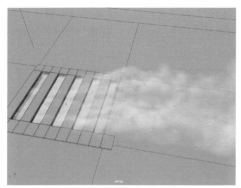
图9-53

9.2.3 实例：制作导弹拖尾动画

本实例通过制作导弹的烟雾拖尾动画特效来为用户详细讲解"3D流体容器"的使用技巧，最终动画完成效果如图9-54所示。

图9-54

01 启动中文版Maya 2022软件，打开本书配套资源场景文件"导弹.mb"，如图9-55所示，里面有一个导弹的简易模型。

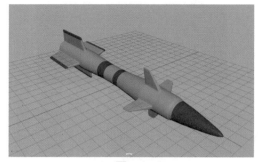
图9-55

02 首先，制作导弹的飞行动画，选择导弹模型，在第1帧位置处，设置"平移X"的值为15，并为其设置关键帧，如图9-56所示。

图9-56

03 在第120帧位置处，设置"平移X"的值为200，并为其设置关键帧，如图9-57所示。

图9-57

04 执行菜单栏"窗口"|"动画编辑器"|"曲线图编辑器"命令，打开"曲线图编辑器"面板，如图9-58所示。

图9-58

05 选择"平移X"属性的动画曲线,单击"线性切线"按钮,调整的曲线的形态至如图9-59所示。

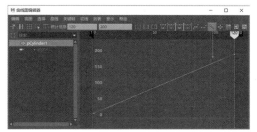

图9-59

06 单击FX工具架上的"具有发射器的3D流体容器"图标,如图9-60所示。

图9-60

07 在场景中创建一个流体容器,如图9-61所示。

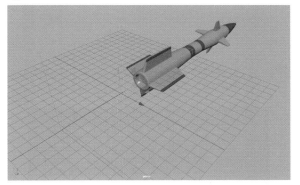

图9-61

08 选择流体发射器,在"属性编辑器"面板中,展开"基本发射器属性"卷展栏,设置"发射器类型"的选项为"体积",如图9-62所示。

图9-62

09 在视图中,可以看到发射器的图标变成了一个立方体的形状,如图9-63所示。

10 展开"体积发射器属性"卷展栏,设置"体积形状"的选项为"圆柱体",如图9-64所示。

11 这样,可以看到发射器的图标变成了一个圆柱体形状,如图9-65所示。

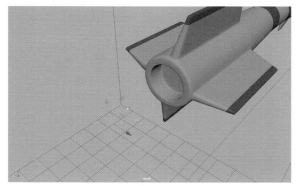

图9-63

图9-64

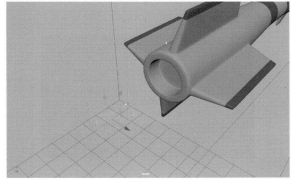

图9-65

12 调整流体发射器的旋转方向和位置至导弹模型的尾部位置处,如图9-66所示。

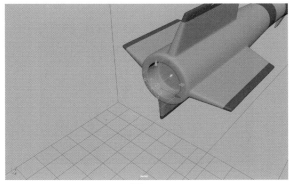

图9-66

13 先选择导弹模型，再加选流体发射器，如图9-67所示。

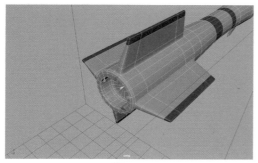

图9-67

14 单击"绑定"工具架上的"父约束"图标，如图9-68所示，为所选择的两个对象之间建立父约束关系。这样，流体发射器的位置会随着导弹模型的运动而产生改变。

图9-68

15 设置完成后，在"属性编辑器"面板中观察流体发射器"变换属性"卷展栏内的"平移"和"旋转"属性，可以看到其对应参数的背景色自动变为了天蓝色，如图9-69所示。

图9-69

16 选择3D流体容器，在"容器特性"卷展栏中，设置"基本分辨率"的值为50，设置"边界X"的选项为"无"，设置"边界Y"的选项为"无"，如图9-70所示。

图9-70

17 展开"自动调整大小"卷展栏，勾选"自动调

整大小"选项，设置"最大分辨率"的值为400，如图9-71所示。

图9-71

18 设置完成后，播放动画，可以看到随着流体发射器的移动，3D流体容器的长度也随之自动增加，如图9-72所示。

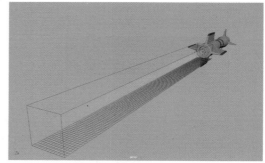

图9-72

19 在"基本发射器属性"卷展栏中，设置"速率（百分比）"的值为600，如图9-73所示。

图9-73

20 播放动画，这时可以看到导弹的尾部烟雾比之前要多一些，如图9-74所示。

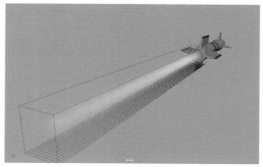

图9-74

21 选择3D流体容器，展开"着色"卷展栏，调整"透明度"的颜色为深灰色，如图9-75所示。这样，

使得烟雾的显示更加清晰，如图9-76所示。

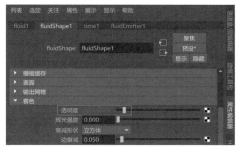

图9-75

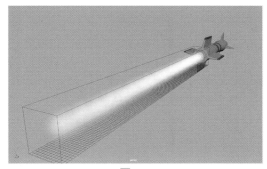

图9-76

22 选择流体发射器，在"属性编辑器"面板中展开"自发光速度属性"卷展栏，设置"速度方法"的选项为"添加"，设置"继承速度"的值为50，如图9-77所示。

图9-77

23 展开"流体属性"卷展栏，设置"密度/体素/秒"的值为6，如图9-78所示。

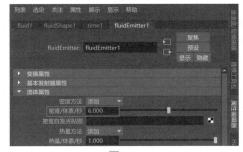

图9-78

24 播放动画，导弹的拖尾烟雾模拟效果如图9-79所示。

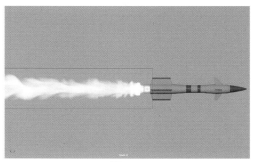

图9-79

25 选择3D流体容器，展开"湍流"卷展栏，设置"强度"的值为1，如图9-80所示。

图9-80

26 播放动画，导弹的拖尾烟雾模拟因为"湍流"的"强度"值而会产生一定的扩散效果，如图9-81所示。

图9-81

27 展开"照明"卷展栏，勾选"自阴影"选项，如图9-82所示。导弹的拖尾烟雾会产生阴影效果，使得烟雾模拟显得更加立体，如图9-83所示。

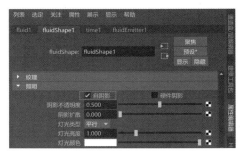

图9-82

图9-83

28 展开"动力学模拟"卷展栏，设置"阻尼"的值为0.02，设置"高细节解算"的选项为"所有栅格"，设置"子步"的值为2，以得到细节更加丰富的计算模拟结果，如图9-84所示。

图9-84

29 单击"FX缓存"工具架上的"创建缓存"图标，如图9-85所示。

图9-85

30 创建完缓存后，播放动画，本实例制作完成后的导弹拖尾动画效果如图9-86所示。

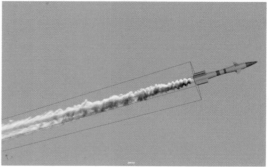

图9-86

31 单击Arnold工具架上的Create Physical Sky（创建物理天空）图标，如图9-87所示，为场景设置灯光。

图9-87

33 在"属性编辑器"面板中，展开Physical Sky Attributes（物理天空属性）卷展栏，设置Elevation的值为35，设置Azimuth的值为120，设置Intensity的值为4，提高物理天空灯光的强度，如图9-88所示。

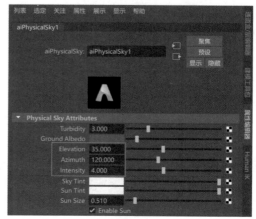

图9-88

33 渲染场景，渲染结果如图9-89所示。

图9-89

9.3 Bifrost 流体

Bifrost流体是一种全新的流体动画模拟系统，该系统通过FLIP（流体隐式粒子）解算器可以获得高质量的流体效果。Bifrost工具架中的工具图标如图9-90所示。

图9-90

工具解析

- ●液体：创建液体容器。
- ●Aero：将所选择的多边形对象设置为Aero发射器。
- ●发射器：将所选择的多边形对象设置为发射器。
- ●碰撞对象：将所选择的多边形对象设置为碰撞对象。
- ●泡沫：单击该图标模拟泡沫。
- ●导向：将所选择的多边形对象设置为导向网格。
- ●发射区域：将所选择的多边形对象设置为发射区域。
- ●场：单击该图标创建场。
- ●Bifrost Graph Editor：单击该图标可以打开Bifrost Graph Editor面板进行事件编辑。
- ●Bifrost Browser：单击该图标可以打开Bifrost Browser面板来获取一些Bifrost实例。

9.3.1 基础操作：模拟液体下落动画

【知识点】学习Bifrost流体基本设置方法。

01 单击"多边形建模"工具架上的"多边形球体"图标，如图9-91所示。在场景中创建一个球体模型。

图9-91

02 在"通道盒/层编辑器"面板中，设置球体的"半径"值为1，设置"平移X"值为0，"平移Y"值为10，"平移Z"值为0，如图9-92所示。

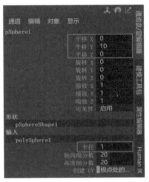

图9-92

03 设置完成后，球体模型位于场景的位置如图9-93所示。

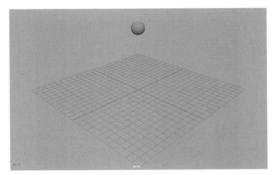

图9-93

04 选择球体模型，在Bifrost工具架中单击"液体"图标，如图9-94所示。将该网格对象设置为液体发射器。

图9-94

05 设置完成后，观察"大纲视图"面板，可以看到场景中多出了许多Bifrost流体节点，如图9-95所示。

图9-95

06 播放场景动画，现在可以看到场景中出现了一个球体形状的液体，并且该液体受自身重力的影响开始向下掉落，如图9-96所示。

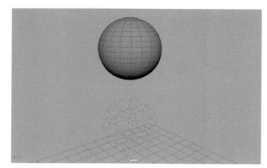

图9-96

07 在"属性编辑器"面板中，展开"显示"卷展栏，勾选"体素"选项，如图9-97所示，可以使得液体以实体的方式显示出来，如图9-98所示。

图9-97

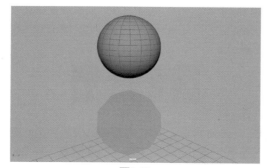

图9-98

08 展开"特性"卷展栏，勾选"连续发射"选项，如图9-99所示。

图9-99

09 再次播放场景动画，则可以看到现在液体不断从球体上发射出来，如图9-100所示。这样，一个液体下落的动画就制作完成了，如图9-100所示。

图9-100

9.3.2 实例：制作倒入牛奶动画

本实例讲解使用Bifrost流体如何制作倒入牛奶动画效果，最终的渲染动画序列效果如图9-101所示。

图9-101

01 启动中文版Maya 2022软件，打开本书配套资源场景文件"杯子.mb"，如图9-102所示，里面有一个杯子的模型。

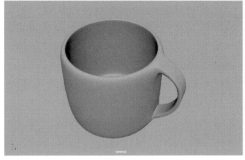

图9-102

02 单击"多边形建模"工具架上的"多边形球体"图标，如图9-103所示。

图9-103

03 在"顶视图"中杯子模型旁边位置处创建一个球体模型，如图9-104所示。

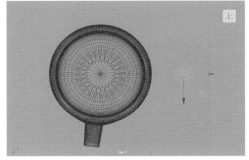

图9-104

04 在"通道盒/层编辑器"面板中，调整球体模型的"平移X"值为91，"平移Y"值为98，"平移Z"值为-193，如图9-105所示。

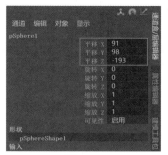

图9-105

05 设置完成后，观察场景中球体的位置，如图9-106所示。

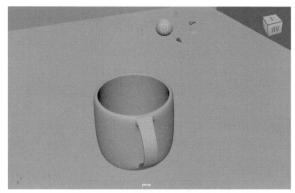

图9-106

06 选择球体模型，单击Bifrost工具架中的"液体"图标，如图9-107所示，将球体模型设置为液体发射器。

图9-107

07 在"属性编辑器"面板中，展开"特性"卷展栏，勾选"连续发射"选项，如图9-108所示。

图9-108

08 展开"显示"卷展栏，勾选"体素"选项，如图9-109所示，方便在场景中观察液体的形态。

图9-109

09 设置完成后，播放场景动画，液体的模拟效果如图9-110所示。

图9-110

10 选择液体与场景中的杯子模型，单击Bifrost工具架上的"碰撞对象"图标，如图9-111所示，设置液体可以与场景中的杯子发生碰撞。

图9-111

11 在场景中选择液体，单击Bifrost工具架上的"场"图标，如图9-112所示。

图9-112

12 在"前视图"中，对场进行缩放至方便观察即可，然后将场对象使用"对齐"工具对齐至场景中球体模型位置处，并调整方向至如图9-113所示。

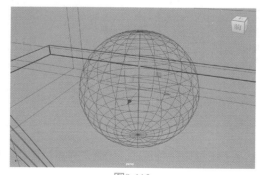

图9-113

13 在"通道盒/层编辑器"面板中，设置"缩放X""缩放Y"和"缩放Z"的值为5，如图9-114所示，调整完大小后的场视图显示效果如图9-115所示。

图9-114

图9-115

14 播放场景动画，现在可以看到液体同时受到重力和场的影响，向斜下方进行运动，如图9-116所示。

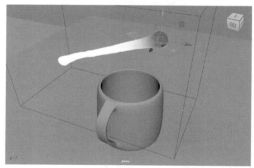

图9-116

15 在"属性编辑器"面板中，展开"运动场特性"卷展栏，设置Magnitude的值为0.2，如图9-117所示。

图9-117

16 再次播放动画，观察液体与杯子的碰撞模拟效果如图9-118所示。仔细观察液体与杯子碰撞的地方，发现目前的液体计算效果不太精确，如图9-119所示。

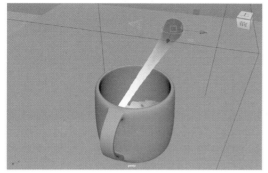

图9-118

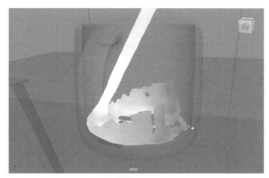

图9-119

17 展开"分辨率"卷展栏，设置"主体素大小"的值为0.1，如图9-120所示。

图9-120

18 设置完成后，计算动画，液体的模拟效果如图9-121所示，这时，可以看到降低了"主体素大小"的值后，计算时间明显增加，得到的液体形态细节更多，液体与杯子模型的贴合也更加紧密了，但是，这里出现了一个问题，就是有少量的液体穿透了杯子模型。

19 展开"自适应性"卷展栏内的"传输"卷展栏，设置"传输步长自适应性"的值为0.5，如图9-122所示。

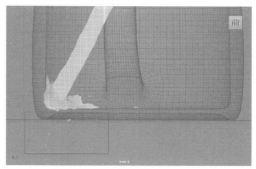

图9-121

图9-122

20 再次播放场景动画，这次可以看到液体的碰撞计算更加精确了，这次没有出现液体穿透杯子模型的问题，如图9-123所示。

图9-123

21 展开"粘度"卷展栏，设置"粘度"值为10，增加液体的粘度模拟效果，如图9-124所示。

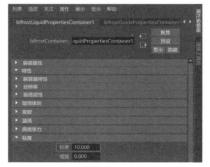

图9-124

22 再次模拟动画，本实例的最终完成效果如图9-125所示。

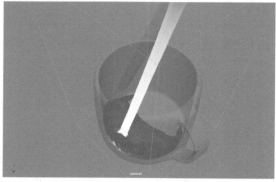

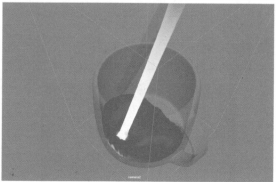

图9-125

23 渲染场景，渲染结果如图9-126所示，这时可以看到模拟出来的液体在默认状态下的材质效果比较接近清水。

图9-126

24 接下来设置一下牛奶的材质。选择液体，单击"渲染"工具架上的"标准曲面"图标，如图9-127所示。

图9-127

25 展开"基础"卷展栏，设置"颜色"为白色，如图9-128所示。

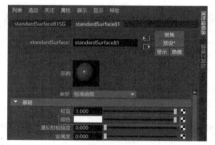

图9-128

26 展开"镜面反射"卷展栏，设置"粗糙度"值为0.25，如图9-129所示。

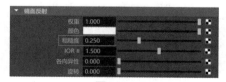

图9-129

27 展开"次表面"卷展栏，设置"权重"值为0.5，如图9-130所示。

图9-130

28 再次渲染场景，本实例的最终渲染效果如图9-131所示。

图9-131

9.4　综合实例：制作游艇浪花动画

本实例讲解Bifrost流体和Boss系统相互配合使用，如何制作游艇在水面上滑行所产生的浪花飞溅动画效果，最终的渲染动画序列效果如图9-132所示。

图9-132

9.4.1　制作海洋动画

01 启动中文版Maya 2022软件，打开本书配套场景资源文件"游艇.mb"，可以看到该场景中有一只游艇的模型，如图9-133所示。

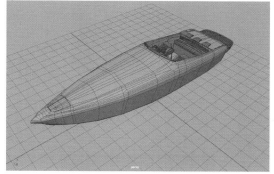

图9-133

02 在"大纲视图"面板中，观察场景模型，可以看到该游艇模型由三个模型所组成，另外，场景中还有一个用于计算动力学动画的简模和一条曲线，这两个对象处于隐藏的状态，如图9-134所示。

图9-134

03 将场景中隐藏的简模设置为显示状态后，选择场景中的所有模型，如图9-135所示。

04 使用Ctrl+G组合键，对所选择的模型执行"分组"操作，设置完成后，可以在"大纲视图"面板中看到场景中构成游艇的4个模型现在成为了一个组合，如图9-136所示。这样有利于接下来的动画制作。

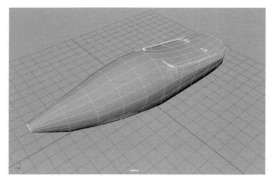

图9-135

图9-136

05 单击"多边形建模"工具架上的"多边形平面"图标,如图9-137所示。在场景中创建一个平面模型用来制作海洋。

图9-137

06 在"通道盒/层编辑器"面板中,设置平面模型的"平移X""平移Y"和"平移Z"的值均为0,如图9-138所示。

图9-138

07 设置"宽度"和"高度"的值为150,设置"细分宽度"和"高度细分数"的值为200,如图9-139所示。

图9-139

08 设置完成后,场景中的平面模型如图9-140所示。

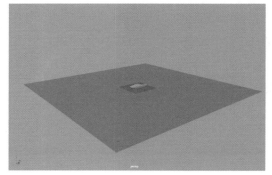

图9-140

09 执行菜单栏Boss|"Boss编辑器"命令,打开Boss Ripple/Wave Generator面板,如图9-141所示。

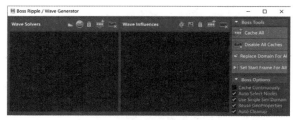

图9-141

10 选择场景中的平面模型,单击Boss Ripple/Wave Generator面板中的Create Spectral Waves(创建光谱波浪)按钮,如图9-142所示。

图9-142

11 在"大纲视图"面板中可以看到,Maya软件即可根据之前所选择的平面模型的大小及细分情况创建出一个用于模拟区域海洋的新模型,并命名为BossOutput,同时,隐藏场景中原有的多边形平面模型,如图9-143所示。

图9-143

12 在默认情况下，新生成的BossOutput模型与原有的多边形平面模型一模一样。拖动Maya的时间帧，即可看到从第2帧起，BossOutput模型可以模拟出非常真实的海洋波浪运动效果，如图9-144所示。

来的海洋波浪效果如图9-147所示。

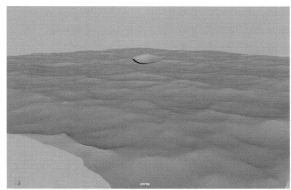

图9-144

13 在"属性编辑器"面板中找到BossSpectralWave1选项卡，在"全局属性"面板中，设置"开始帧"的值为1，设置"面片大小X（m）"的值为150，设置"面片大小Z（m）"的值为150，如图9-145所示。

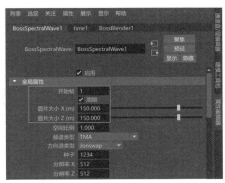

图9-145

14 展开"模拟属性"卷展栏，设置"波高度"的值为1，勾选"使用水平置换"选项，并调整"波大小"的值为3.5，如图9-146所示。

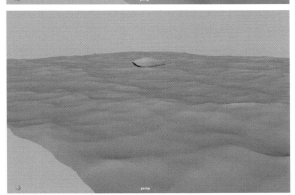

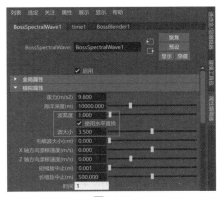

图9-146

15 调整完成后，播放场景动画，可以看到模拟出

图9-147

16 在"大纲视图"面板中选择平面模型，展开"多边形平面历史"卷展栏，将"细分宽度"和"高度细分数"的值均提高至500，如图9-148所示。这

时，Maya 2022软件可能会弹出"多边形基本体参数检查"对话框，询问用户是否需要继续使用这么高的细分值，如图9-149所示，单击该对话框中的"是，不再询问"按钮即可。

图9-148

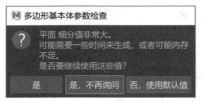
图9-149

17 设置完成后，在视图中观察海洋模型，可以看到模型的细节大幅提升了，如图9-150所示为提高了细分值前后的海洋模型对比结果。

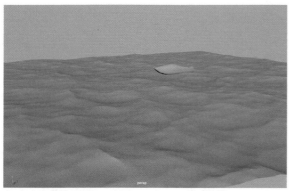

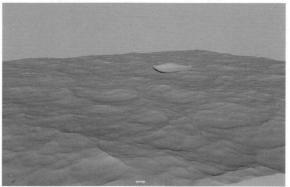
图9-150

9.4.2 制作游艇航行动画

01 在"大纲视图"面板中选择被隐藏的曲线对象，如图9-151所示。

图9-151

02 使用Shift+H组合键，将其在场景中显示出来，如图9-152所示。

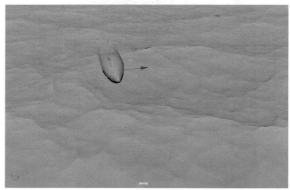
图9-152

03 将场景中的时间帧数设置为200帧，如图9-153所示。

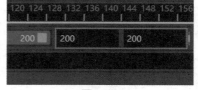
图9-153

04 在"大纲视图"面板中先选择组对象，再加选刚刚绘制出来的曲线，如图9-154所示。

05 执行菜单栏"约束"|"运动路径"|"连接到运动路径"命令，如图9-155所示。

06 设置完成后，可以看到游艇模型现在已经约束至场景中的曲线上，如图9-156所示。

图9-154

图9-155

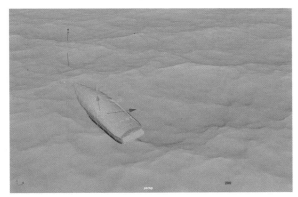

图9-156

07 在"属性编辑器"面板中,展开"运动路径属性"卷展栏,勾选"反转前方向"选项,如图9-157所示,即可更改游艇的前进方向,如图9-158所示。

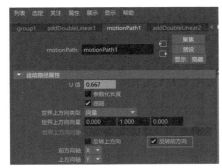

图9-157

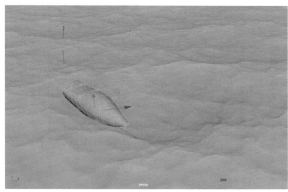

图9-158

08 选择组对象,执行菜单栏"窗口"|"动画编辑器"|"曲线图编辑器"命令,打开"曲线图编辑器"面板,观察组对象的动画曲线如图9-159所示。

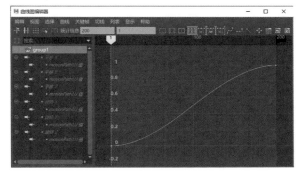

图9-159

09 选择"曲线图编辑器"面板中的两个曲线节点,单击"线性切线"按钮,得到如图9-160所示的动画曲线效果。

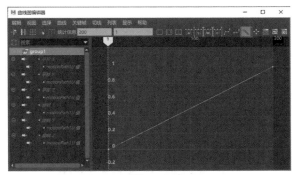

图9-160

10 选择场景中的曲线,在"通道盒/层编辑器"面板中,设置"平移Y"的值为-0.3,如图9-161所示。这样,可以使得游艇模型位于水面下方的部分多一些,如图9-162所示。有助于将来计算动力学动画时,产生更加强烈的游艇尾迹效果。

图9-161

图9-162

11 单击"渲染"面板中的"创建摄影机"图标，如图9-163所示。在场景中创建一个摄影机。

图9-163

12 在第1帧位置处，设置摄影机的"平移X"值为-12，"平移Y"值为43，"平移Z"值为65，"旋转X"值为-36，"旋转Y"值为-10，"旋转Z"值为0，并对以上参数设置关键帧，如图9-164所示。

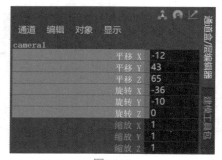

图9-164

13 在"摄影机视图"中观察游艇模型与海面波浪的比例关系，这时可以发现波浪略大了一些，如图9-165所示。

14 在"风属性"卷展栏中，设置"风吹程距离（km）"的值为20，如图9-166所示。这样可以使得海面上的波浪小一些，如图9-167所示。

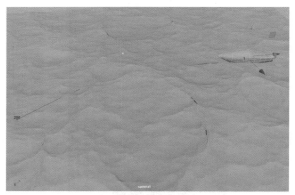

图9-165

图9-166

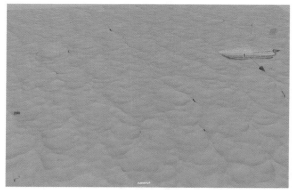

图9-167

15 设置完成后，播放场景动画，游艇的航行动画如图9-168所示。

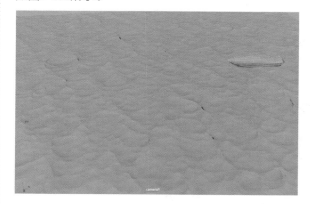

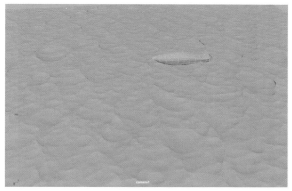

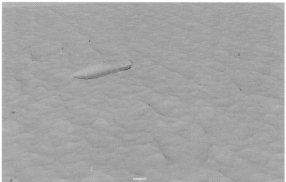

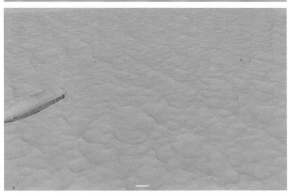

图9-168

9.4.3 制作尾迹动画

01 执行菜单栏Boss|"Boss编辑器"命令,打开 Boss Ripple/Wave Generator面板,如图9-169所示。

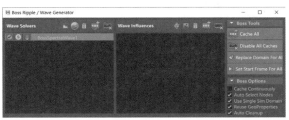

图9-169

02 选择场景中的游艇简模模型,如图9-170所示。

03 单击Add geo influence to selected solver按钮,

设置游艇模型参与到海洋波浪的形态计算当中,如 图9-171所示。

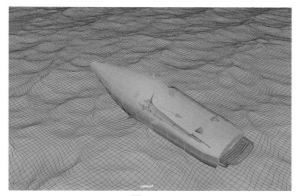

图9-170

图9-171

04 选择场景中的海洋模型,在"属性编辑器"面 板中,展开"反射波属性"卷展栏,调整"反射高 度"的值为30,如图9-172所示。

图9-172

05 播放场景动画,即可看到游艇在水面上航行所 产生的尾迹动画效果,如图9-173所示。

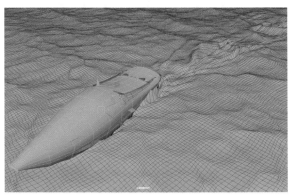

图9-173

173

06 在Boss Ripple/Wave Generator面板中，单击Cache All按钮，如图9-174所示。为海洋动画创建缓存文件。

图9-174

07 等待计算机将缓存文件创建完成后，播放场景动画，本实例最终制作完成后的尾迹动画效果如图9-175所示。

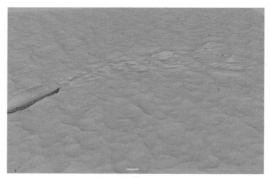

图9-175

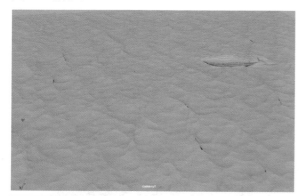

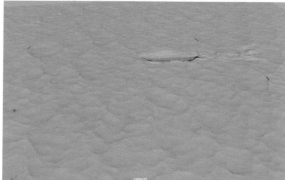

9.4.4 制作浪花特效动画

01 下面开始制作游艇航行时所产生的浪花效果。在第1帧位置处，不要选择场景中的任何对象，单击Bifrost工具架上的"液体"图标，如图9-176所示。在场景中创建一个液体对象。

图9-176

02 创建完成后，可以在"大纲视图"面板中看到场景中多了许多的节点，如图9-177所示。

图9-177

03 在场景中先选择游艇简模模型，如图9-178所示。

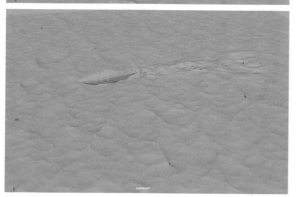

图9-178

04 在"大纲视图"面板中，再加选液体对象，如图9-179所示。

图9-179

05 单击Bifrost工具架上的"发射区域"图标，如图9-180所示。

图9-180

06 在"大纲视图"面板中，先选择海洋对象，再加选液体对象，如图9-181所示。

图9-181

07 单击Bifrost工具架上的"导向"图标，如图9-182所示。

图9-182

08 在"大纲视图"面板中选择液体对象，在"属性编辑器"面板中，展开"显示"卷展栏，勾选"体素"选项，如图9-183所示，即可在视图中看到游艇模型与海洋模型的相交处有了蓝色的液体产生，如图9-184所示。

图9-183

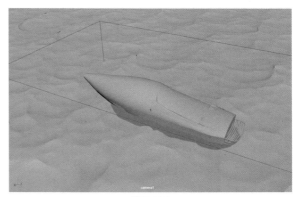

图9-184

09 在"大纲视图"面板中选择液体发射器节点，如图9-185所示。

图9-185

10 在"属性编辑器"面板中，设置"厚度"的值为1.5，如图9-186所示。设置完成后，即可将场景中的简模模型隐藏起来，游艇周围的液体生成效果如图9-187所示。

11 接下来，在"大纲视图"面板中先选择游艇简模模型，再加选液体对象，如图9-188所示。

图9-186

图9-187

图9-188

12 单击Bifrost工具架上的"碰撞对象"图标,如图9-189所示。为所选择的物体之间设置碰撞关系。

图9-189

13 设置完成后,观察场景,液体效果如图9-190所示。

14 播放场景动画,游艇的浪花模拟效果如图9-191所示。

15 在默认状态下,视图中模拟出来的浪花效果看起来缺乏细节。在"大纲视图"面板中选择液体对象,在"属性编辑器"面板中,设置"主体素大小"的值为0.1,如图9-192所示。

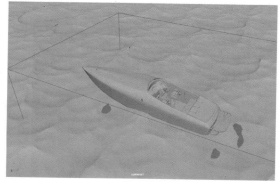

图9-190

图9-191

图9-192

16 再次播放场景动画,这次可以看到模拟出来的浪花的细节明显增多了,如图9-193所示。但是模拟所需要的时间也随之大幅增加。

图9-193

17 本实例最终制作完成的浪花动画效果如图9-194所示。

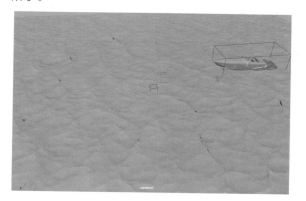

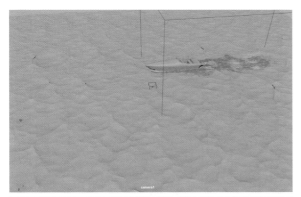

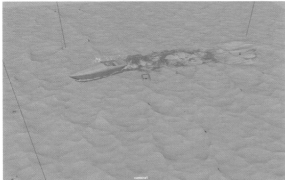

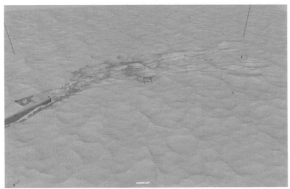

图9-194

9.4.5 制作泡沫特效动画

01 下面开始制作泡沫动画效果。在"大纲视图"面板中，选择液体节点，如图9-195所示。

图9-195

02 单击Bifrost工具架上的"泡沫"图标，如

图9-196所示，即可在该节点下方创建泡沫对象，如图9-197所示。

图9-196

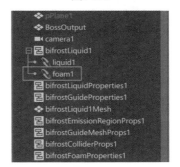

图9-197

03 播放场景动画，我们可以看到在浪花的位置处会有白色的点状泡沫对象产生，如图9-198所示。

图9-198

04 默认状态下，由于液体产生的泡沫数量较少，可以在"属性编辑器"面板中，设置"自发光速率"的值为8000，来提高泡沫的产生数量，如图9-199所示。

05 设置完成后，执行菜单栏"Bifrost液体"|"计算并缓存到磁盘"命令，生成浪花和泡沫缓存文件，如图9-200所示。

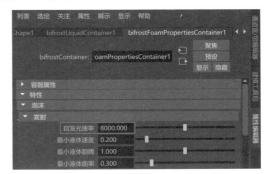

图9-199

图9-200

06 添加了泡沫特效前后的视图显示结果对比如图9-201所示。

图9-201

07 将"时间滑块"设置到第140帧位置处,观察场景,可以清晰地看到游艇在水面上转弯时所溅起的浪花和泡沫效果,如图9-202所示。

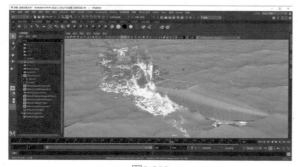

图9-202

08 本实例最终制作完成的泡沫动画效果如图9-203所示。

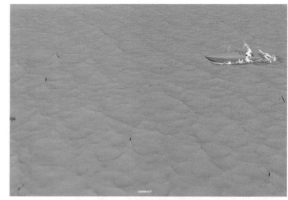

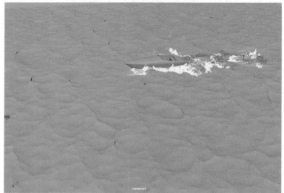

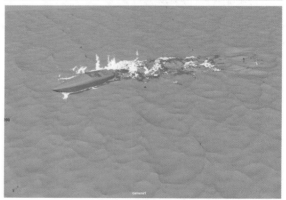

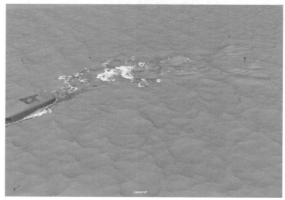

图9-203

9.4.6 渲染输出

01 下面开始进行海水材质以及渲染方面的设置。选择海洋模型，如图9-204所示。

图9-204

02 单击"渲染"工具架上的"标准曲面材质"图标，为其指定"渲染"工具架中的"标准曲面材质"，如图9-205所示。

图9-205

03 在"属性编辑器"面板中，设置"基础"卷展栏内的"颜色"为深蓝色，如图9-206所示。其中，"颜色"的参数设置如图9-207所示。

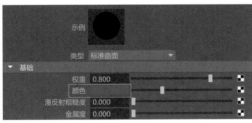

图9-206

图9-207

04 展开"镜面反射"卷展栏，设置"权重"的值为1，设置"粗糙度"的值为0.1，如图9-208所示。

05 展开"透射"卷展栏，设置"权重"的值为0.7，设置"颜色"为深绿色，如图9-209所示。"颜

色"的参数设置如图9-210所示。

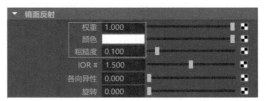

图9-208

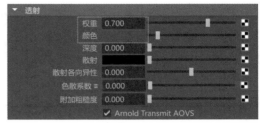

图9-209

图9-210

06 材质设置完成后，接下来为场景创建灯光。单击Arnold工具架上的Create Physical Sky（创建物理天空）图标，在场景中创建物理天空灯光，如图9-211所示。

图9-211

07 在Physical Sky Attributes（物理天空属性）卷展栏中，设置Elevation的值为25，设置Azimuth的值为200，设置Intensity的值为6，如图9-212所示。

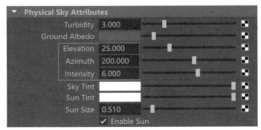

图9-212

08 设置完成后，选择几个自己喜欢的角度来渲染场景，添加了材质和灯光的海洋波浪最终渲染结果如图9-213～图9-215所示。

图9-213

图9-215

图9-214

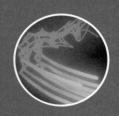

第 10 章

粒子动画技术

10.1 粒子特效概述

粒子特效一直在众多影视特效中占据首位，无论是烟雾特效、爆炸特效、光特效还是群组动画特效等，在这些特效中都可以看到粒子特效的影子，也可以理解为粒子特效是融合在这些特效中的，它们不可分割，却又自成一体。如图10-1所示是一个导弹发射烟雾拖尾的特效，从外观形状上来看，这属于烟雾特效，但是从制作技术角度上来看，这又属于粒子特效。

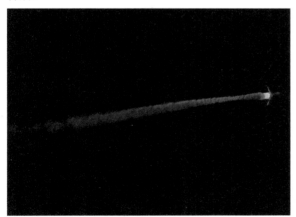

图10-1

10.2 粒子动画

将工具架切换至FX，即可看到有关设置粒子发射器的2个图标，一个是"发射器"图标，一个是"添加发射器"图标，如图10-2所示。

图10-2

工具解析

- 发射器：创建粒子发射器。
- 添加发射器：根据选择的对象来创建粒子发射器。

10.2.1 基础操作：粒子发射器形态设置

【知识点】创建粒子发射器，粒子发射器基本参数设置。

01 启动中文版Maya 2022软件，单击FX工具架上的"发射器"图标，如图10-3所示，即可在场景中创建一个粒子发射器，如图10-4所示。

图10-3

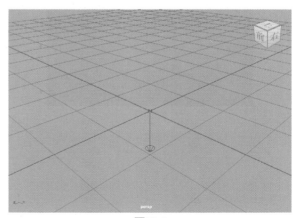

图10-4

02 观察"大纲视图"面板，可以看到该粒子系统由一个粒子发射器、一个粒子对象和一个动力学对象所组成，如图10-5所示。

03 拖动Maya的时间滑块，即可看到n粒子发射器

181

所发射的粒子由于受到场景中动力学的影响而向场景的下方移动，如图10-6所示。

图10-5

图10-6

04 在"属性编辑器"面板中，展开"基本发射器属性"卷展栏，将"发射器类型"的选项设置为"体积"，如图10-7所示。这时，可以看到视图中的粒子发射器呈立方体形状显示，如图10-8所示。

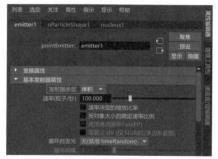

图10-7

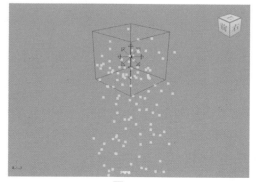

图10-8

05 在"体积发射器属性"卷展栏中，设置"体积形状"为"球形"，如图10-9所示。可以看到视图中的粒子发射器呈球体形状显示，如图10-10所示。

图10-9

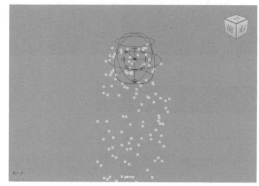

图10-10

06 在"体积发射器属性"卷展栏中，设置"体积形状"为"圆柱体"，如图10-11所示。可以看到视图中的粒子发射器呈圆柱体形状显示，如图10-12所示。

图10-11

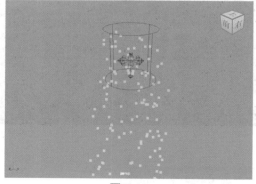

图10-12

07 在"体积发射器属性"卷展栏中，设置"体积形状"为"圆锥体"，如图10-13所示。可以看到视图中的粒子发射器呈圆锥体形状显示，如图10-14所示。

图10-13

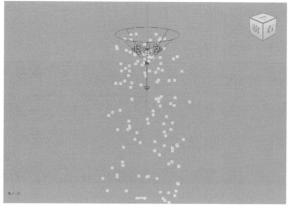

图10-14

08 在"体积发射器属性"卷展栏中，设置"体积形状"为"圆环"，如图10-15所示。可以看到视图中的粒子发射器呈圆环形状显示，如图10-16所示。

图10-15

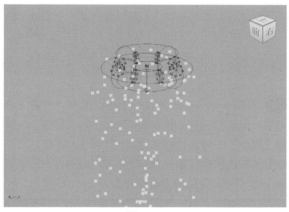

图10-16

10.2.2 实例：模拟喷泉动画

【知识点】创建粒子发射器，粒子发射器基本参数设置。

01 启动中文版Maya 2022软件，单击FX工具架上的"发射器"图标，如图10-17所示，即可在场景中创建一个粒子发射器，如图10-18所示。

图10-17

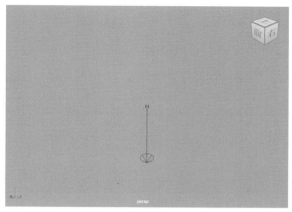

图10-18

02 创建完成后，拖动时间帧，查看粒子的默认运动状态呈泛方向状态发射并受重力的影响向下运动，如图10-19所示。

图10-19

03 由于喷泉大多是由一个点向上喷射出水花，受重力影响，当水花到达一定高度时，会产生下落的运动过程。那么，这就需要改变粒子发射器的发射状态来得到这一效果。单击展开粒子发射器的"基本发射器属性"卷展栏，调整"发射器类型"的选项为"方向"，如图10-20所示。

图10-20

04 调整完成后，单击"动画播放"按钮，可以看到现在粒子的发射状态如图10-21所示。

图10-21

05 在"距离/方向属性"卷展栏中,设置"方向X"值为0,"方向Y"值为1,"方向Y"值为0,"扩散"值为0.35,如图10-22所示。

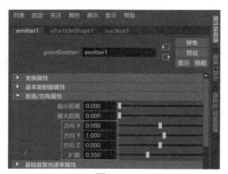

图10-22

06 设置完成后,再次拖动时间滑块,观察粒子的动画效果如图10-23所示。

图10-23

07 在"基础自发光速率属性"卷展栏中,设置粒子的"速率"值为10,提高粒子向上的发射速度,如图10-24所示。

图10-24

08 展开"基本发射器属性"卷展栏,调整"速率(粒子/秒)"的值为600,提高粒子单位时间的发射数量,如图10-25所示。

图10-25

09 设置完成后,再次观察场景,粒子的动画效果如图10-26所示。

图10-26

10 在nParticleShape1选项卡中,展开"寿命"卷展栏,设置粒子的"寿命模式"选项为"恒定",设置"寿命"的值为1.5,如图10-27所示。这样,粒子在下落的过程中随着时间的变化会逐渐消亡,节省了Maya软件不必要的粒子动画计算。

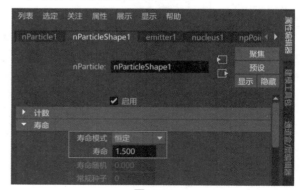

图10-27

11 展开"着色"卷展栏,设置"粒子渲染类型"的选项为"球体",如图10-28所示。在场景中观察粒子的形态如图10-29所示。

图10-28

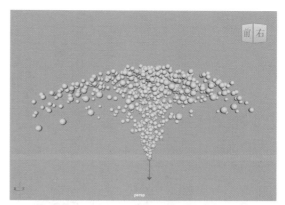

图10-29

12 展开"粒子大小"卷展栏，设置粒子的"半径"值为0.1，如图10-30所示。

图10-30

13 播放场景动画，本实例的最终动画效果如图10-31所示。

图10-31

10.2.3 实例：制作光带特效动画

本实例主要讲解如何使用粒子系统来模拟光带运动的特殊效果，最终渲染效果如图10-32所示。

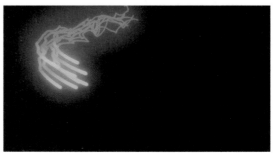

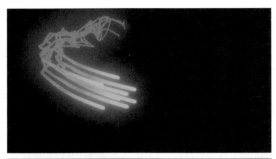

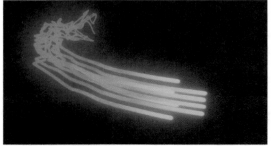

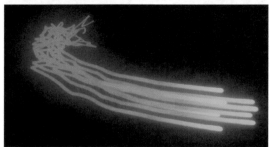

图10-32

01 启动中文版Maya 2022软件，单击"捕捉到栅格"图标，如图10-33所示，开启捕捉到栅格功能。

02 单击"曲线/曲面"工具架上的"三点圆弧"图标，如图10-34所示，绘制出如图10-35所示的弧线。

图10-33　　　　图10-34

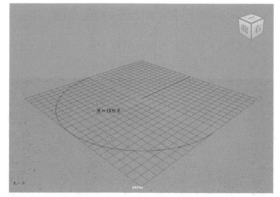

图10-35

03 单击"多边形建模"工具架上的"多边形立方

体"图标，如图10-36所示，在场景中创建一个立方体模型，如图10-37所示。

图10-36

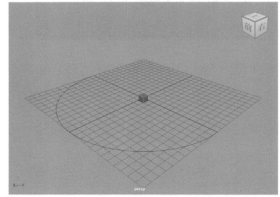

图10-37

04 选择场景中的立方体模型，按Shift键加选场景中的曲线，执行菜单栏"约束"|"运动路径"|"连接到运动路径"命令，如图10-38所示。将立方体的运动约束到场景中的曲线上，如图10-39所示。

图10-38

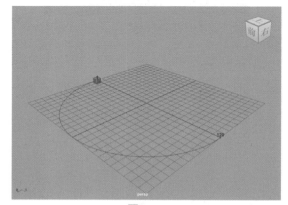

图10-39

05 使用"缩放"工具调整立方体的形状，如图10-40所示。

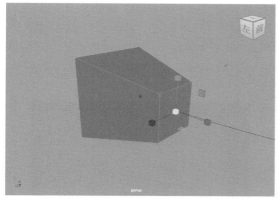

图10-40

06 选择立方体模型，单击FX工具架上的"添加发射器"图标，如图10-41所示。

图10-41

07 设置完成后，播放场景动画，可以看到在默认状态下，立方体上的8个顶点开始发射粒子，如图10-42所示。

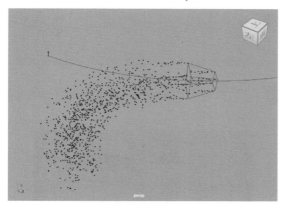

图10-42

08 选择场景中的粒子，在"属性编辑器"面板中，展开"基础自发光速率属性"卷展栏，设置粒子的"速率"值为0，如图10-43所示。设置完成后，播放场景动画，粒子的运动效果如图10-44所示。

图10-43

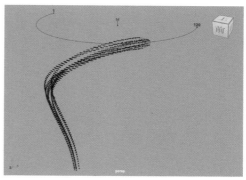

图10-44

09 在"动力学特性"卷展栏中，勾选"忽略解算器重力"选项，如图10-45所示。设置完成后，播放场景动画，粒子的运动效果如图10-46所示。

图10-45

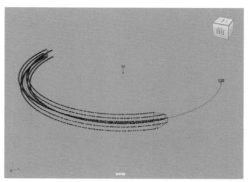

图10-46

10 在"寿命"卷展栏中，设置粒子的"寿命模式"为"恒定"，设置"寿命"的值为2，如图10-47所示。这样每个粒子在场景中所存在的时间为2秒。播放场景动画，如图10-48所示。

图10-47

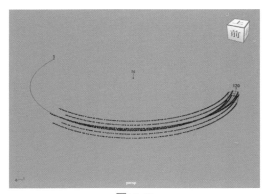

图10-48

11 在"着色"卷展栏中，设置"粒子渲染类型"为"云（s/w）"，如图10-49所示。设置完成后观察场景，可以发现粒子的粒子形态转变为如图10-50所示。

图10-49

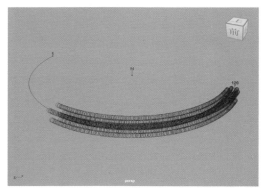

图10-50

12 在"粒子大小"卷展栏中，设置n粒子的"半径"值为0.1，如图10-51所示。

图10-51

13 在"基本发射器属性"卷展栏，设置"速率（粒子/秒）"的值为500，提高粒子的发射速率，这样可以得到更多的粒子，如图10-52所示。设置完成后，播放场景动画，可以看到粒子的数量明显增多，如图10-53所示。

图10-52

图10-53

14 在"颜色"卷展栏中，设置粒子的颜色为黑色，如图10-54所示。

图10-54

15 在"白炽度"卷展栏中，设置粒子白炽度的"选定颜色"和"选定位置"如图10-55～图10-57所示，并设置"白炽度输入"的选项为"年龄"。设置完成后，隐藏场景中的立方体模型，可以看到随着场景中粒子年龄的变化，其自身颜色也会随之变化，如图10-58所示。

图10-55

图10-56

图10-57

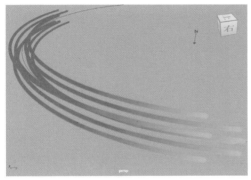

图10-58

16 选择场景中的粒子，执行菜单栏"场/解算器"|"湍流"命令，为粒子的运动增加细节，如图10-59所示。

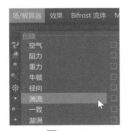

图10-59

17 在"湍流场属性"卷展栏中，设置"幅值"的值为3，设置"衰减"的值为0.3，如图10-60所示。播放场景动画，可以看到粒子的运动形态受到湍流场所产生的变化，如图10-61所示。

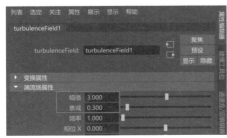

图10-60

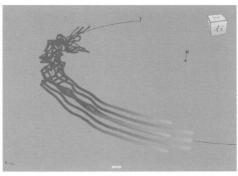

图10-61

18 在"渲染视图"面板中使用"Maya软件"来渲染场景，光带的渲染结果如图10-62所示。

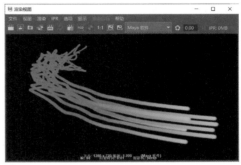

图10-62

19 在npPointVolume选项卡中，展开"公用材质属性"卷展栏，设置"辉光强度"的值为0.5，如图10-63所示。

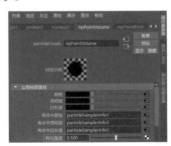

图10-63

20 设置完成后，再次渲染场景，可以看到光带已经产生了发光的特殊效果，如图10-64所示。

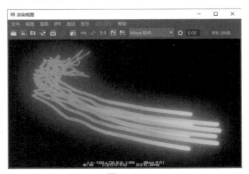

图10-64

10.2.4　实例：制作汇聚文字动画

本实例为用户讲解如何在Maya软件中使用粒子系统制作粒子汇聚成文字的动画特效，如图10-65所示为本实例的动画完成渲染效果。

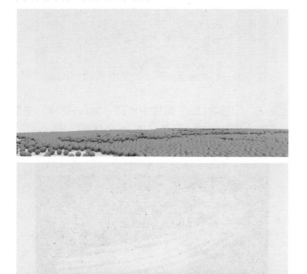

图10-65

01 启动中文版Maya 2022软件，打开本书配套资源场景文件"地面.mb"，如图10-66所示。里面只有一个地面模型。

02 在"多边形建模"工具架中，单击"多边形类型"图标，如图10-67所示。

03 在场景中创建出一个文字模型，如图10-68所示。

图10-66

图10-67

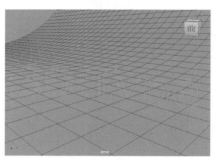

图10-68

04 在"属性编辑器"面板中，设置文字的显示内容为MAYA，并调整"文字大小"的值为10，如图10-69所示。

图10-69

05 选择文字模型，单击菜单栏nParticle|"填充对象"后面的方块按钮，如图10-70所示。

06 在弹出的"粒子填充选项"面板中，设置"分辨率"的值为100，并单击该面板下方左侧的"粒子填充"按钮，如图10-71所示。

图10-70

图10-71

07 粒子填充完成后，将视图设置为"线框"显示，观察粒子在文字模型中的填充情况，如图10-72所示。

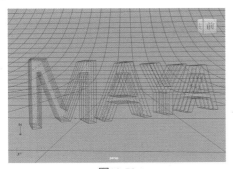

图10-72

08 将文字模型隐藏后，选择粒子，在"属性编辑器"面板中，设置"粒子渲染类型"的选项为"球体"，如图10-73所示。

图10-73

09 观察场景，场景中的粒子现在呈球体形状显示，如图10-74所示。

图10-74

10 播放场景动画，可以看到在默认状态下，粒子受到重力影响会产生下落并穿透地面模型的动画效果，如图10-75所示。

图10-75

11 选择地面模型，单击FX工具架中的"创建被动碰撞对象"图标，如图10-76所示，即可为粒子与地面之间建立碰撞关系。

图10-76

12 展开"碰撞"卷展栏，设置"厚度"的值为0，如图10-77所示。

图10-77

13 再次播放动画，可以看到这次地面会阻挡住正在下落的粒子，如图10-78所示。

图10-78

14 选择粒子对象，在"属性编辑器"面板中，展开"碰撞"卷展栏。勾选"自碰撞"选项，如图10-79所示。

图10-79

15 播放场景动画，这次可以看到粒子之间由于产生了碰撞，在地面上会呈现出四下散开的效果，如图10-80～图10-83所示。

16 选择粒子对象，单击"FX缓存"工具架中的"创建缓存"图标，如图10-84所示。

17 创建缓存完成后，在"属性编辑器"面板中，在"缓存文件"卷展栏中勾选"反向"选项，如图10-85所示。

图10-80

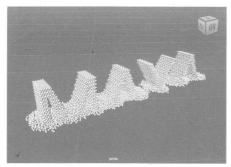

图10-81

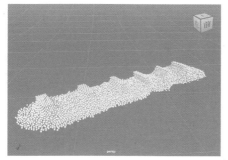

图10-82

图10-83

图10-84

图10-85

18 这样，再次播放场景动画，可以看到散落在地面上的粒子慢慢汇聚成一个文字的动画效果，如图10-86所示。

图10-86

19 选择粒子，单击"渲染"工具架中的"标准曲面材质"图标，如图10-87所示。为粒子添加材质。

图10-87

20 在"属性编辑器"面板中，展开"基础"卷展栏，设置粒子的"颜色"为红色。展开"镜面反射"卷展栏，设置"权重"的值为1，设置"粗糙度"的值为0.05，如图10-88所示。

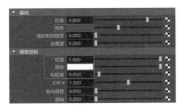

图10-88

21 单击Arnold工具架中的Create SkyDome Light图标，如图10-89所示。在场景中创建一个天光。

图10-89

22 在"属性编辑器"面板中，设置Intensity的值为2，如图10-90所示。

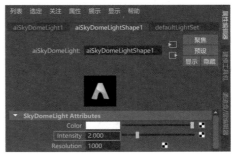

图10-90

23 在"渲染设置"面板中，展开Motion Blur卷展栏，勾选Enable选项，开启运动模糊计算，如图10-91所示。

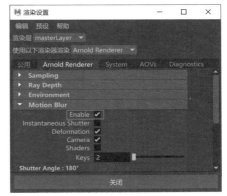

图10-91

24 设置完成后，渲染场景，本实例的渲染效果如图10-92所示。

图10-92

第 11 章

布料动画技术

11.1　nCloth 概述

　　布料的运动属于一类很特殊的动画。由于布料在运动中会产生大量各种形态的随机褶皱，使得动画师们很难使用传统的对物体设置关键帧动画的调整方式来进行制作布料运动的动画。所以如何制作出真实自然的布料动画一直是众多三维软件生产商所共同面对的一项技术难题。在Maya中使用nCloth是一项生产真实布料运动特效的高级技术。nCloth可以稳定、迅速地模拟产生动态布料的形态，主要应用于模拟布料和环境产生交互作用的动态效果，包括碰撞对象（如角色）和力学（如重力和风）。并且，nCloth在模拟动画上有着很大的灵活性，在动画的制作上还可以用于解决其他类型的动画制作，如树叶飘落或是彩带飞舞这样的动画效果。在学习布料动画技术前，建议用户先多观察生活中的布料形态及质感表现，如图11-1和图11-2所示。

图11-1

图11-2

11.2　布料装置设置

　　Maya 2022软件为用户提供了多种与布料模拟有关的工具，在FX工具架的后半部分可以找到这些图标，如图11-3所示。

图11-3

工具解析

- ■从选定网格nCloth：将场景中选定的模型设置为nCloth对象。
- ■创建被动碰撞对象：将场景中选定的模型设置为可以被nCloth或n粒子碰撞的对象。
- ■移除nCloth：将场景中的nCloth对象还原设置为普通模型。
- ■显示输入网格：将nCloth对象在视图中恢复为布料动画计算之前的几何形态。
- ■显示当前网格：将nCloth对象在视图中恢复为布料动画计算之后的当前几何形态。

11.2.1 基础操作：模拟布料下落动画

【知识点】 创建nCloth对象，布料动画基本设置方法。

01 启动中文版Maya 2022软件，单击"多边形建模"工具架上的"多边形平面"图标，如图11-4所示，在场景中创建一个平面模型。

图11-4

02 在"通道盒/层编辑器"面板中，设置平面模型的"平移Y"值为10，"宽度"和"高度"值为30，"细分宽度"和"高度细分数"值为60，如图11-5所示。

图11-5

03 单击"多边形建模"工具架上的"多边形圆柱体"图标，如图11-6所示，在场景中创建一个圆柱体模型。

图11-6

04 在"通道盒/层编辑器"面板中，设置圆柱体模型的"半径"值为10，如图11-7所示。

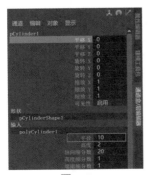

图11-7

05 设置完成后，场景中的模型显示结果如图11-8所示。

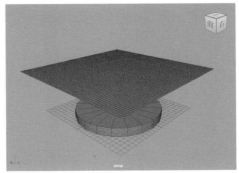

图11-8

06 选择当前场景中的平面模型，在FX工具架上单击"创建nCloth"图标，如图11-9所示，将平面模型设置为nCloth对象。

图11-9

07 接下来选择圆柱体模型，在FX工具架上单击"创建被动碰撞对象"图标，如图11-10所示，将圆柱体模型设置为可以被nCloth对象碰撞的物体。

图11-10

08 设置完成后，在"大纲视图"中观察场景中的对象数量，如图11-11所示。

图11-11

09 播放场景动画，可以看到平面模型在默认状态下，受到重力的影响自由下落，被圆柱体模型接住所产生的一个造型自然的桌布效果，如图11-12所示。

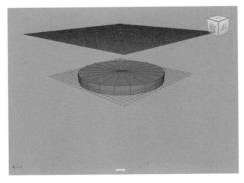

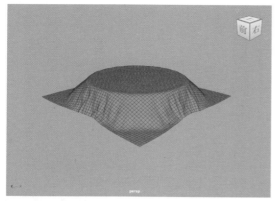

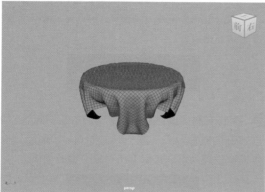

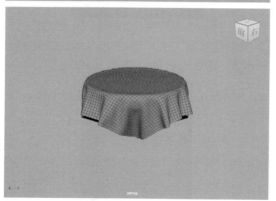

图11-12

11.2.2　实例：制作小旗飘动动画

本例将制作一个红色小旗被风吹动的动画效果，如图11-13所示为本实例的最终完成效果。

图11-13

01 启动Maya 2022软件，打开本书配套资源文件"小旗.mb"，如图11-14所示。里面是一个简单的小旗模型，并已经设置完成材质及灯光。

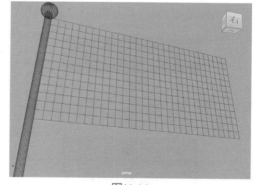

图11-14

02 选择旗模型，在FX工具架上单击"创建nCloth"图标，如图11-15所示。将小旗模型设置为nCloth对象，如图11-16所示。

03 右击并执行"顶点"命令，如图11-17所示。

图11-15

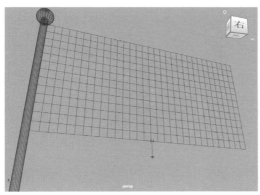

图11-16

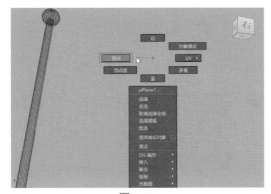

图11-17

04 选择如图11-18所示的两处顶点，执行nConstraint|"变换约束"命令，如图11-19所示。

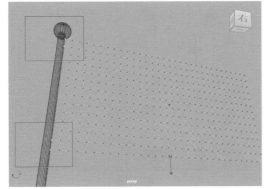

图11-18

图11-19

05 将所选择的点约束到世界空间中，设置完成后如图11-20所示。

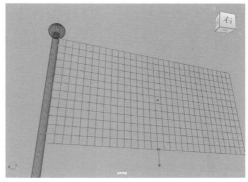

图11-20

06 选择小旗模型，在其"属性编辑器"中选择nucleus选项卡，展开"重力和风"卷展栏，设置"风速"的值为30，并设置风向为（0，0，-1），如图11-21所示。

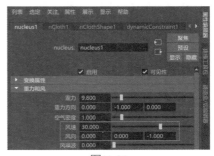

图11-21

07 设置完成后，播放场景动画，即可看到小旗随风飘动的布料动画。最终动画效果如图11-22所示。

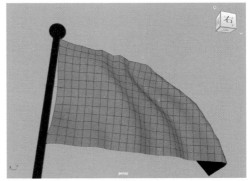

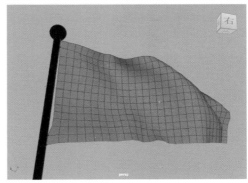

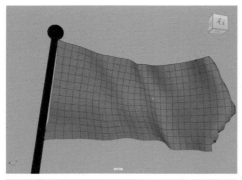

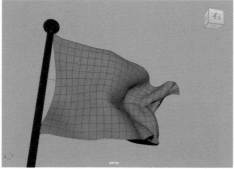

图11-22

11.2.3 实例：制作树叶飘落动画

本例将制作一个叶片飘落的场景动画，如图11-23所示为本实例的最终完成效果。

图11-23

01 启动中文版Maya 2022软件，打开本书配套场景资源文件"植物.mb"，如图11-24所示。

图11-24

02 在场景中选择植物的叶片模型，右击进入其面节点，选择如图11-25所示的植物叶片。

图11-25

03 在"多边形"工具架中，单击"提取"图标，如图11-26所示，将所选择的叶片单独提取出来。

图11-26

04 在场景中，选择被提取出来的所有叶片模型，如图11-27所示。

05 在"多边形"工具架上单击"结合"图标，如图11-28所示，将所选择的叶片模型结合成一个模型。

图11-27

图11-28

06 观察"大纲视图",可以看到由于之前的操作,在"大纲视图"中生成了很多无用的多余节点,如图11-29所示。

图11-29

07 在场景中选择植物叶片模型,单击"多边形建模"工具架上的"按类型删除:历史"图标,如图11-30所示。

图11-30

08 这样可以看到"大纲视图"里的对象被清空了许多,如图11-31所示。

09 "大纲视图"中余下的两个组,则可以通过执行"编辑"|"解组"命令将其进行删除,整理完成后的"大纲视图"如图11-32所示。

图11-31　　　　　图11-32

10 选择场景中被提取的叶片模型,如图11-33所示。

图11-33

11 单击FX工具架上的"创建nCloth"图标,将其设置为nCloth对象,如图11-34所示。

图11-34

12 在"属性编辑器"中找到nucleus选项卡,展开"重力和风"卷展栏,设置"风速"的值为25,如图11-35所示。

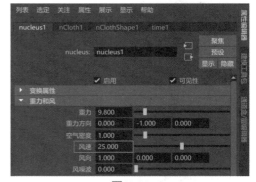

图11-35

13 在"动力学特性"卷展栏中,设置"刚性"值为10,如图11-36所示。

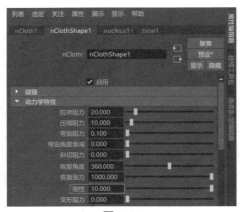

图11-36

14 设置完成后，播放场景动画，可以看到植物模型上被提取的叶片会缓缓飘落下来。本实例的场景动画完成效果如图11-37所示。

图11-37

11.2.4　实例：制作窗帘打开动画

本例将制作一个可以来回打开闭合的可用于设置动画效果的窗帘装置，如图11-38所示为本实例的最终完成效果。

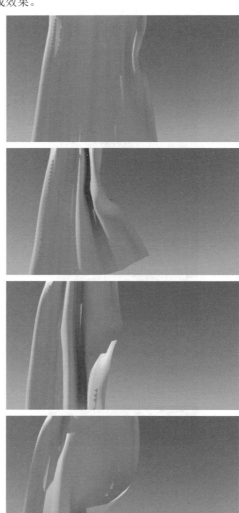

图11-38

01 启动中文版Maya 2022软件，打开本书配套场景资源文件"线.mb"，如图11-39所示。

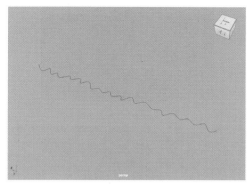

图11-39

02 选择场景中的曲线，在"曲线/曲面"工具架中，双击"挤出"图标，如图11-40所示。

图11-40

03 打开"挤出选项"对话框。设置曲线挤出的"样式"为"距离"，设置"挤出长度"的值为35。将"输出几何体"选项设置为"多边形"，并设置"类型"为"四边形"，设置"细分方法"的选项为"计数"，设置"计数"的值为1000，如图11-41所示。

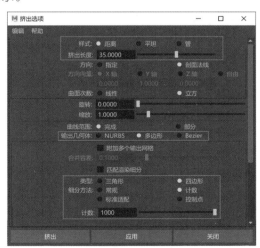

图11-41

04 设置完成后，单击"挤出"按钮，完成对曲线的挤出操作，制作出窗帘模型，如图11-42所示。

05 单击"多边形建模"工具架上的"多边形平面"图标，如图11-43所示。在场景中创建一个平面模型用来当作固定窗帘的装置。

06 在"通道盒/层编辑器"面板中，调整其参数至如图11-44所示。

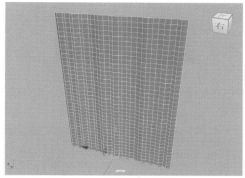

图11-42

图11-43

图11-44

07 设置完成后，平面模型的大小及位置如图11-45所示。

图11-45

08 选择场景中的窗帘模型，在FX工具架上单击"从选定网格创建nCloth"图标，将其设置为nCloth对象，如图11-46所示。

图11-46

09 选择场景中的平面模型，在FX工具架上单击"创建被动碰撞对象"图标，如图11-47所示。将其设置为可以与nCloth对象产生交互影响的对象。

图11-47

10 选择场景中的窗帘模型，右击进入其"顶点"命令节点，选择如图11-48所示的顶点。

图11-48

11 按Shift键加选场景中的平面模型后，执行菜单栏nConstraint|"在曲面上滑动"命令，如图11-49所示。将窗帘模型上选定的顶点与场景中的多边形平面模型连接起来，如图11-50所示。

图11-49

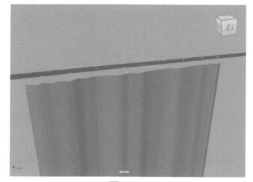

图11-50

12 在自动弹出的"属性编辑器"面板中，展开"动态约束属性"卷展栏，设置"约束方法"的选项为"焊接"，如图11-51所示。

13 以类似的方式选择窗帘模型上如图11-52所示的顶点，执行nConstraint|"变换约束"命令，将窗帘的一角固定至场景空间中。

图11-51

图11-52

14 以类似的方式选择窗帘模型上如图11-53所示的顶点，执行菜单栏nConstraint|"变换约束"命令，对窗帘的另一边进行变换约束设置。

图11-53

15 设置完成后，观察"大纲视图"，可以看到本实例中通过创建了3个动力学约束来制作完成了可以设置动画的窗帘装置，如图11-54所示。

图11-54

16 在"大纲视图"面板中选择dynamicConstrain3对象，第1帧位置处，对其"平移"属性设置关键帧，如图11-55所示。

图11-55

17 在第60帧位置处，移动dynamicConstrain3的位置至如图11-56所示，并对其位移属性设置关键帧，如图11-57所示。

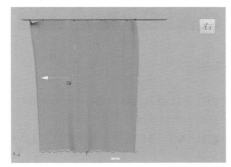

图11-56

图11-57

18 在第100帧位置出，移动dynamicConstrain3的位置至如图11-58所示，并对其位移属性设置关键帧，如图11-59所示。

19 动画设置完成后，播放场景动画，即可看到窗帘随着dynamicConstrain3的位置改变而产生的拉动动画效果。本实例的最终动画完成效果如图11-60所示。

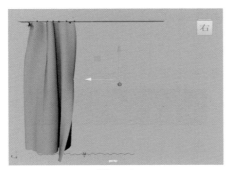

图11-58

图11-59

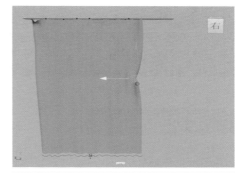

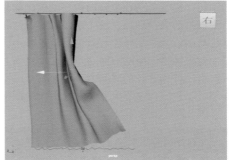

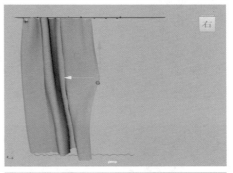

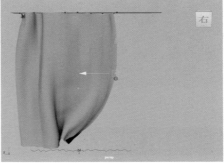

图11-60

第 12 章

运动图形动画技术

12.1 运动图形概述

运动图形也称为MASH程序动画，该动画设置技术为动画师提供了一种全新的程序动画制作思路，常常用来模拟动力学动画、粒子动画以及一些特殊的图形变化动画。动画制作流程首先是将场景中需要设置动画的对象转换为MASH网络对象，这样就可以使用系统提供的各式各样的MASH节点来进行动画的设置。如图12-1和图12-2所示分别为使用运动图形动画技术所制作出来的创意图像。

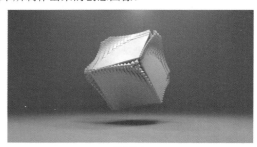

图12-1

图12-2

12.2 MASH 网络对象

制作运动图形动画首先需要在场景中创建MASH网络对象，与其有关的工具图标大多数被集成到了MASH工具架中，如图12-3所示。

图12-3

工具解析

- 创建MASH网络：将所选择的模型设置为MASH网络对象。
- MASH编辑器：打开"MASH编辑器"面板。
- 将MASH连接到类型/SVG：为类型或SVG对象设置MASH动画。
- 切换MASH几何体类型：在网格对象与MASH实例化器对象之间进行切换。
- 缓存MASH网络：对MASH网络对象创建缓存。
- 向粒子添加轨迹：向粒子对象添加轨迹。
- 从MASH点创建网格：根据MASH点来创建网格对象。
- 创建MASH点节点：单击以创建MASH点节点。

12.2.1 基础操作：创建 MASH 网络对象

【知识点】创建MASH网络对象。

01 启动中文版Maya 2022软件，单击"运动图形"工具架上的"多边形球体"图标，如图12-4所示。在场景中创建一个球体模型。

图12-4

02 在"属性编辑器"面板中，设置球体的半径值为1，如图12-5所示。

图12-5

03 选择球体模型，单击MASH工具架上的"创建MASH网络"图标，如图12-6所示。将根据所选择的球体模型来创建MASH网络对象，如图12-7所示。

图12-6

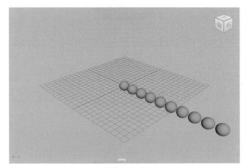

图12-7

04 观察"大纲视图"面板，可以看到原来的球体模型处于被隐藏的状态，如图12-8所示。

图12-8

05 在"属性编辑器"面板中，设置"点数"值为9，"分布类型"为"线性"，勾选"中心分布"选项，如图12-9所示，即可得到如图12-10所示的模型显示结果。

06 设置"点数"值为20，设置"分布类型"为"径向"，如图12-11所示。可以得到如图12-12所示的模型显示结果。

图12-9

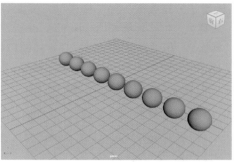

图12-10

图12-11

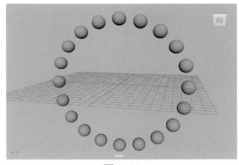

图12-12

07 设置"点数"值为2000，设置"分布类型"为"球形"，如图12-13所示。可以得到如图12-14所示的模型显示结果。

图12-13

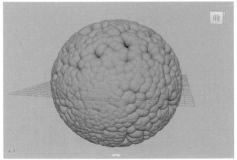

图12-14

08 设置"分布类型"为"栅格",设置"距离X""距离Y"和"距离Z"的值为5,设置"栅格X""栅格Y"和"栅格Z"的值为3,如图12-15所示。可以得到如图12-16所示的模型显示结果。

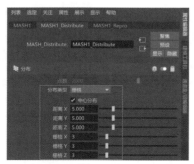

图12-15

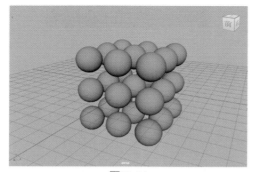

图12-16

09 设置"点数"值为2000,设置"分布类型"为"体积",设置"体积形状"为"立方体",设置"体积大小"的值为10,如图12-17所示。可以得到如图12-18所示的模型显示结果。

图12-17

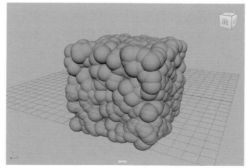

图12-18

12.2.2 实例:制作苹果下落动画

【知识点】学习快速创建物体自由落体运动动画。

01 启动中文版Maya 2022软件,打开本书配套场景文件"苹果.mb",里面有一个苹果模型,如图12-19所示。

图12-19

02 按住Shift键,配合"移动"工具和"旋转"工具对苹果模型进行复制,并分别调整其位置和旋转角度至如图12-20所示。

图12-20

03 将场景中的所有苹果模型选中,如图12-21所示。

图12-21

04 单击"多边形建模"工具架上的"结合"图标,如图12-22所示,将所选中的苹果模型合并为一个模型。

图12-22

05 单击"多边形建模"工具架上的"按类型删除：历史"图标，如图12-23所示。

图12-23

06 选择苹果模型，单击"运动图形"工具架上的"添加壳动力学"图标，如图12-24所示，即可快速根据所选择的苹果模型创建MASH网络对象，并自动添加Dynamics（动力学）节点。

图12-24

07 在"属性编辑器"面板中的"地面"卷展栏中，设置地面"位置"的Y值为0，如图12-25所示。

图12-25

08 播放场景动画，一段苹果下落的动画就制作完成了，如图12-26所示。

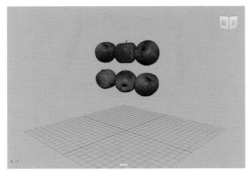

图12-26

12.3　MASH 节点

用户可以通过为MASH网络对象添加大量的MASH节点来制作出较为复杂的运动图形动画效果，可以在"添加节点"卷展栏中找到这些节点工具图标，如图12-27所示。

图12-27

工具解析

- Audio（音频）：使用音频文件来制作运动图形动画。
- Curve（曲线）：沿着曲线来设置MASH网络对象上的点。
- Color（颜色）：为MASH网络对象添加颜色节点。
- Delay（延迟）：为动画设置延迟偏移效果。
- Dynamics（动力学）：为MASH网络对象添加动力学节点。

- Flight（飞行）：用于模拟制作群组飞行动画效果。
- ID：为MASH网络对象设置ID值。
- Influence（影响）：使用定位器来影响MASH网络对象的位置、旋转和比例大小。
- Merge（合并）：用于合并两个MASH网络对象。
- Offset（偏移）：用来偏移MASH网络对象的变换属性。
- Orient（方向）：用来影响MASH网络对象的运动方向。
- Placer（放置器）：以绘制的方式来放置MASH网络对象的点。
- Python：通过Python脚本来影响节点。
- Random（随机）：用来制作随机效果。
- Replicator（复制）：用来复制MASH网络对象。
- Signal（信号）：使用三角函数为MASH网络对象中的点设置动画。
- Spring（弹簧）：对MASH网络对象添加弹簧控制器。
- Strength（强度）：控制附加节点的强度。
- Symmetry（对称）：对MASH网络对象进行对称。
- Time（时间）：根据时间来设置偏移动画效果。
- Transform（变换）：对MASH网络对象进行变换控制。
- Visibility（可见性）：改变实例化对象的可见性。
- World（世界）：为MASH网络对象添加世界生态系统。

12.3.1 实例：制作文字组成动画

本实例讲解使用运动图形技术来制作文字动画效果，最终的渲染动画序列效果如图12-28所示。

图12-28

01 启动中文版Maya 2022软件，打开本书配套资源场景文件"盒子.mb"，如图12-29所示，里面有一个盒子的模型。

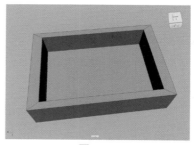

图12-29

02 将盒子先隐藏起来。单击"运动图形"工具架上的"多边形球体"图标，如图12-30所示，在场景中创建一个球体。

图12-30

03 在"通道盒/层编辑器"面板中，设置球体的"半径"值为1，"轴向细分数"值为8，"高度细分数"值为6，如图12-31所示。设置完成后，球体模型的视图显示结果如图12-32所示。

图12-31

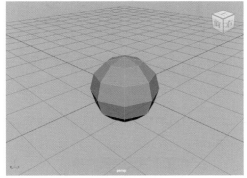

图12-32

04 选择球体模型，单击MASH工具架上的"创建MASH网络"图标，如图12-33所示。

图12-33

05 在"属性编辑器"面板中，设置"点数"值为1000，"分布类型"为"体积"，"体积大小"值为20，如图12-34所示。

图12-34

06 设置完成后，MASH网络对象的视图显示结果如图12-35所示。

图12-35

07 在"添加节点"卷展栏中，单击Transform（变换）节点图标，并执行弹出的"添加变换节点"命令，如图12-36所示。

图12-36

08 设置"位置"的Y值为50，提高MASH网络对象在场景中的高度，如图12-37所示。

图12-37

09 在"添加节点"卷展栏中，单击Random（随机）节点图标，并执行弹出的"添加随机节点"命令，如图12-38所示。

图12-38

10 设置"位置Y"值为10，"旋转X""旋转Y"和"旋转Z"值均为180，如图12-39所示。

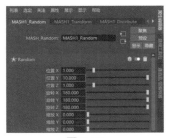

图12-39

11 设置完成后，MASH网络对象在视图中的显示结果如图12-40所示。

图12-40

12 在"添加节点"卷展栏中，单击Dynamics（动力学）节点图标，并执行弹出的"添加动力学节点"命令，如图12-41所示。

图12-41

13 将场景中之前隐藏的盒子模型显示出来，如图12-42所示。

图12-42

14 在"碰撞对象"卷展栏中，将盒子模型设置为MASH网络对象的碰撞对象，如图12-43所示。

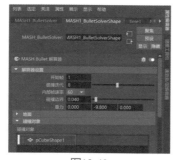

图12-43

15 设置完成后，播放场景动画，可以看到现在盒子会将落下来的小球模型全部接住，如图12-44所示。

图12-44

16 在"大纲视图"中选择MASH网络对象，如图12-45所示。

图12-45

17 单击MASH工具架上的"缓存MASH网络"图标，如图12-46所示。

图12-46

18 在系统自动弹出的"Alembic导出"面板上单击"导出当前选择"按钮，如图12-47所示，将这个动力学动画缓存到本地硬盘上。

图12-47

19 接下来，保存该文件后，新建一个场景文件，如图12-48所示。

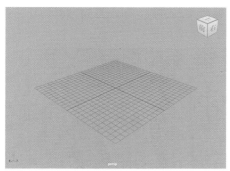

图12-48

20 单击MASH工具架上的"导入Alembic"图标，如图12-49所示，将上一步缓存的动画文件导入进当前的新建场景中，导入完成后，拖动一下时间滑块，可以非常流畅地看到小球下落的动画效果。

图12-49

21 在第110帧位置处，选择场景中的球体模型，如图12-50所示。

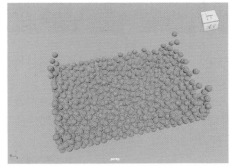

图12-50

22 单击"渲染"工具架上的"标准曲面材质"图标，如图12-51所示。为所选择的模型添加材质。

图12-51

23 在"基础"卷展栏中，单击"颜色"属性后面的方形按钮，如图12-52所示。

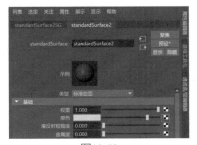

图12-52

24 在弹出的"创建渲染节点"面板中单击"文件"按钮，如图12-53所示。

图12-53

25 在"文件属性"卷展栏中，为"图像名称"属性指定一张"文字.jpg"贴图文件，如图12-54所示。

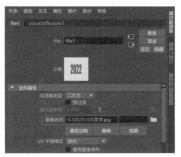

图12-54

26 在第110帧位置处，在"透视"视图中调整观察角度，在该观察视角创建一架摄影机，如图12-55所示。

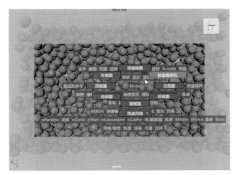

图12-55

27 在"通道盒/层编辑器"面板中调整摄影机的参数值至如图12-56所示。

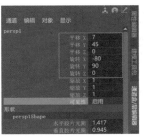

图12-56

28 执行菜单栏UV|"基于摄影机"命令，如图12-57所示。将会根据摄影机的角度来创建UV贴图坐标，如图12-58所示。

图12-57

图12-58

29 在"2D纹理放置属性"卷展栏中，设置"UV向重复"的V值为1.6，如图12-59所示。设置完成后，添加了贴图后的模型显示结果如图12-60所示。

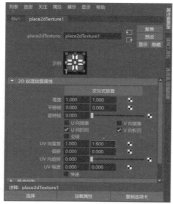

图12-59

图12-60

30 现在播放动画，可以看到贴图的动画效果如图12-61和图12-62所示。

图12-61

图12-62

31 在第120帧位置处，复制一个新的球体模型，如图12-63所示。

32 先选择新复制出来的球体模型，再加选原来的球体模型，单击菜单栏"网格"|"传递属性"后面的方形按钮，如图12-64所示。

图12-63

图12-64

33 在弹出的"传递属性选项"面板中，设置"颜色集"的选项为"禁用"，如图12-65所示，再单击该面板左下方的"传递"按钮，关闭该面板。

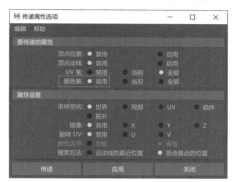

图12-65

34 设置完成后，隐藏复制出来的那个球体模型。播放场景动画，这时我们会发现动画会变得非常卡顿，但是结果与之前的相比会有很大不同。球体模型的贴图坐标会固定在每一个小球模型上，本实例的最终动画效果如图12-66所示。

图12-66

12.3.2　实例：制作文字光影动画

本实例为用户讲解使用运动图形技术来制作文字光影动画效果，最终的渲染动画序列效果如图12-67所示。

图12-67

01 启动中文版Maya 2022软件，单击"运动图形"工具架上的"多边形类型"图标，如图12-68所示。在场景中创建一个文字模型，如图12-69所示。

图12-68

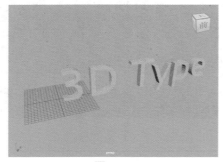

图12-69

02 在"属性编辑器"面板中，设置文字的显示内容为MAYA，并取消勾选"启用挤出"选项，如图12-70所示。设置完成后，文字模型的视图显示结果如图12-71所示。

图12-70

图12-71

03 单击"网络设置"卷展栏中的"根据类型创建曲线"按钮，如图12-72所示。在场景中创建出文字模型的轮廓线，创建完成后，在"大纲视图"面板中可以看到这些曲线，如图12-73所示。

图12-72

图12-73

04 单击"运动图形"工具架上的"多边形球体"图标，如图12-74所示。在场景中创建一个球体，如图12-75所示。

图12-74

图12-75

05 在"通道盒/层编辑器"面板中，设置球体的"半径"值为0.5，如图12-76所示。

图12-76

06 选择球体模型，单击MASH工具架上的"创建MASH网络"图标，如图12-77所示。

图12-77

07 在"添加节点"卷展栏中，单击Curve（曲线）

节点图标，并执行弹出的"添加曲线节点"命令，如图12-78所示。

图12-78

08 将场景中的曲线全部设置为MASH网络对象的"输入曲线"，如图12-79所示。

图12-79

09 在"分布"卷展栏中，设置"点数"值为7，"距离X"值为0，如图12-80所示。

图12-80

10 在"曲线"卷展栏中，取消勾选"成比例计数"选项，如图12-81所示。

图12-81

11 设置完成后，播放场景动画，可以看到球体模型在文字模型边上运动的动画效果，如图12-82和图12-83所示。

12 单击"曲线/曲面"工具架上的"NURBS圆形"图标，如图12-84所示。在场景中创建一个圆形曲线，如图12-85所示。

图12-82

图12-83

图12-84

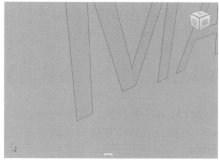

图12-85

13 在"添加工具"卷展栏中，单击Trails（轨迹）节点图标，并执行弹出的"添加轨迹节点"命令，如图12-86所示。

图12-86

14 在Trails（轨迹）卷展栏中，将刚刚创建出来的圆形曲线设置为MASH网络对象的"剖面曲线"，设置"轨迹长度"值为50，"轨迹缩放"值为0.2，如图12-87所示。

15 在"曲线"卷展栏中，勾选"自动上方向向量"选项，如图12-88所示。

215

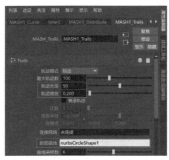

图12-87

图12-88

16 设置完成后，播放场景动画，球体的尾迹动画效果如图12-89所示。

图12-89

17 选择MASH网络对象，单击Arnold工具架上的Create Mesh Light（创建网格灯光）图标，如图12-90所示。将所选择的模型设置为灯光。

图12-90

18 在Light Attributes（灯光属性）卷展栏中，设置灯光的Color（颜色）为蓝色，Intensity（强度）值为5，Exposure（曝光）值为5，并勾选Light Visible（灯光可见）选项，如图12-91所示。其中，Color（颜色）的参数设置如图12-92所示。

19 以同样的步骤将轨迹模型也设置为网格灯光，设置完成后，如图12-93所示。

20 在"渲染设置"面板中，展开Environment（环境）卷展栏，为Atmosphere（大气）属性添加aiFog（ai雾）渲染节点，如图12-94所示。

图12-91

图12-92

图12-93

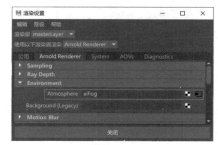

图12-94

21 设置完成后，渲染场景，渲染结果如图12-95所示。

图12-95